XUE KE XUE MEI LI DA TAN SUO

学科学魅力大探索

科技历史跟踪

台运真 编著 丛书主编 周丽霞

生物：小生物的大发展

汕頭大學出版社

图书在版编目（CIP）数据

生物 ：小生物的大发展 / 台运真编著. -- 汕头 ：
汕头大学出版社，2015.3（2020.1重印）
（学科学魅力大探索 / 周丽霞主编）
ISBN 978-7-5658-1718-2

Ⅰ. ①生… Ⅱ. ①台… Ⅲ. ①生物学－青少年读物
Ⅳ. ①Q-49

中国版本图书馆CIP数据核字(2015)第028153号

生物：小生物的大发展　　SHENGWU：XIAOSHENGWU DE DAFAZHAN

编　　著：台运真
丛书主编：周丽霞
责任编辑：胡开祥
封面设计：大华文苑
责任技编：黄东生
出版发行：汕头大学出版社
　　　　　广东省汕头市大学路243号汕头大学校园内　邮政编码：515063
电　　话：0754-82904613
印　　刷：三河市燕春印务有限公司
开　　本：700mm×1000mm 1/16
印　　张：7
字　　数：50千字
版　　次：2015年3月第1版
印　　次：2020年1月第2次印刷
定　　价：29.80元
ISBN 978-7-5658-1718-2

前言

科学是人类进步的第一推动力，而科学知识的学习则是实现这一推动的必由之路。在新的时代，社会的进步、科技的发展、人们生活水平的不断提高，为我们青少年的科学素质培养提供了新的契机。抓住这个契机，大力推广科学知识，传播科学精神，提高青少年的科学水平，是我们全社会的重要课题。

科学教育与学习，能够让广大青少年树立这样一个牢固的信念：科学总是在寻求、发现和了解世界的新现象，研究和掌握新规律，它是创造性的，它又是在不懈地追求真理，需要我们不断地努力探索。在未知的及已知的领域重新发现，才能创造崭新的天地，才能不断推进人类文明向前发展，才能从必然王国走向自由王国。

但是，我们生存世界的奥秘，几乎是无穷无尽，从太空到地球，从宇宙到海洋，真是无奇不有，怪事迭起，奥妙无穷，神秘莫测，许许多多的难解之谜简直不可思议，使我们对自己的生命现象和生存环境捉摸不透。破解这些谜团，有助于我们人类社会向更高层次不断迈进。

其实，宇宙世界的丰富多彩与无限魅力就在于那许许多多的难解之谜，使我们不得不密切关注和发出疑问。我们总是不断去认识它、探索它。虽然今天科学技术的发展日新月异，达到了很高程度，但对于那些奥秘还是难以圆满解答。尽管经过许许多多科学先驱不断奋斗，一个个奥秘不断解开，并推进了科学技术大发展，但随之又发现了许多新的奥秘，又不得不向新的问题发起挑战。

宇宙世界是无限的，科学探索也是无限的，我们只有不断拓展更加广阔的生存空间，破解更多奥秘现象，才能使之造福于我们人类，人类社会才能不断获得发展。

为了普及科学知识，激励广大青少年认识和探索宇宙世界的无穷奥妙，根据最新研究成果，特别编辑了这套《学科学魅力大探索》，主要包括真相研究、破译密码、科学成果、科技历史、地理发现等内容，具有很强系统性、科学性、可读性和新奇性。

本套作品知识全面、内容精炼、图文并茂，形象生动，能够培养我们的科学兴趣和爱好，达到普及科学知识的目的，具有很强的可读性、启发性和知识性，是我们广大青少年读者了解科技、增长知识、开阔视野、提高素质、激发探索和启迪智慧的良好科普读物。

目 录

甲骨文中的动植物知识

甲骨文是殷商时期使用过的一种文字。这些刻在动物骨骼上的象形文字，有不少反映了三四千年前人们对生物世界的思考。

商代甲骨文中有不少动植物的名称，反映了当时人们已能根据动植物的外形特征，辨认不同种类的动植物，从而出现最早的动植物分类雏形。

通过殷墟甲骨文中有关动物的文字，可以发现古人对自然界的观察是非常细致的。说明当时人们对文字的概括与总结具有很高的科学性。

1899年秋，清代朝廷任国子监祭酒的王懿荣得了疟疾，就派人到宣武门外菜市口达仁堂买了一剂中药。王懿荣是金石学家，也是个古董商，他担任的国子监祭酒是当时朝廷教育机构的最高长官。

中药买回来后，王懿荣无意中看到其中的一味叫龙骨的中药上面有一些符号。龙骨是古代脊椎动物的骨骼，在这种几十万年前的骨头上怎会有刻画的符号呢？这不禁引起他的好奇。

对古代金石文字素有研究的王懿荣便仔细端详起来，觉得这不是一般的刻痕，很像古代文字，但其形状非大篆也非小篆。

为了找到更多的龙骨进行深入研究，王懿荣派人赶到达仁堂，以每片2两银子的高价，把药店所有刻有符号的龙骨全部买下。后来又通过古董商范维卿等人进行收购，累计共收集了1500多片。

王懿荣把这些奇怪的图案画下来，经过长时间的研究，最后确定这是一种文字，而且比较完善，应该是殷商时期的。

王懿荣对龙骨的收购，逐渐引起当时学者重视，而古董商人则故意隐瞒龙骨出土地，以垄断货源，从中渔利。王懿荣好友刘鹗等派人到河南多方打探，都以为龙骨来自河南汤阴。

后来，清代末期另一位金石学家罗振玉经过多方查询，终于确定龙骨出土于河南安阳洹河之滨的小屯村，从而率先正确地判定了龙骨出土处的地理位置。

后来的研究者根据这一线索，找到了龙骨出土的地方，就是现在的河南安阳小屯村，那里又出土了一大批龙骨。

因为这些龙骨主要是龟类兽类的甲骨，所以研究者将它们命名为“甲骨文”，研究它的学科就叫作“甲骨学”，而王懿荣也被称为“中国甲骨文之父”。

据学者研究，商朝甲骨文是我国比较成熟的文字，是刻写在龟甲或兽骨上的文字，汉字的“六书”原则，在甲骨文中都有所体现。甲骨文主要用于占卜，同时其中还有许多关于动植物的信息。商代甲骨文中有关动物的汉字，说明了商代人与自然密切的关系。

从甲骨文中，不仅可以考察到当时生存在这个环境中动物的类别，而且还可以了解到商代社会的各项活动，特别是田猎、农业与畜牧业、手工艺、宗教仪式等，都以动物群体的生存和利用为社会支柱。

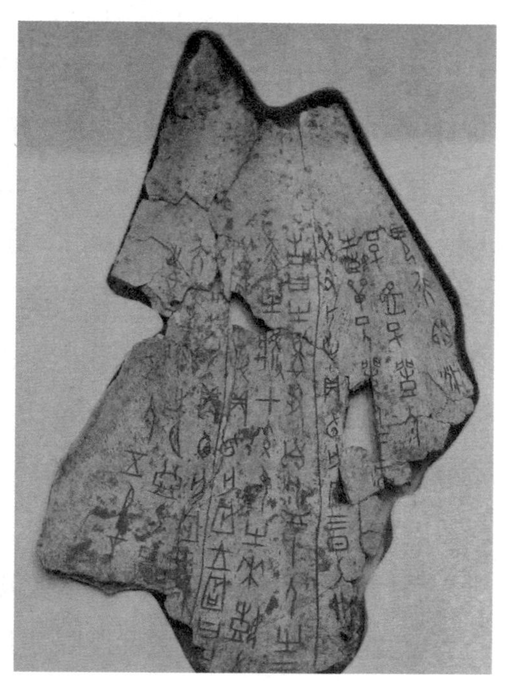

在商代人心中，动物是图腾，是祖先，是天帝使者，是人类伴侣，是残害人类的恶魔，还是人类征服的对象，是善与恶的不同角色，因此动物成了商代文化表现的主要内容。甲骨文中关于动植物的字形结构很有特点。比如，植物有禾、木两类，甲骨文中草、

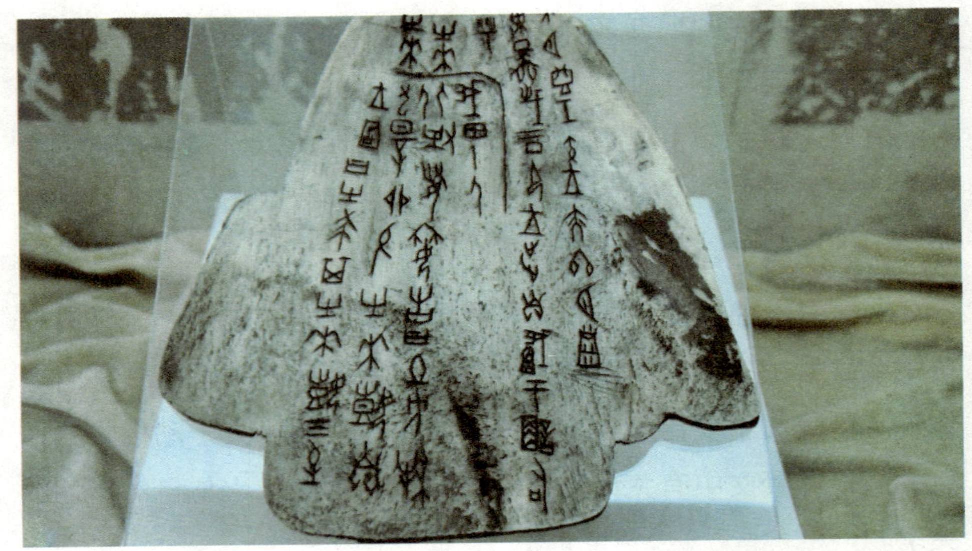

木不分，有时草、竹也不分，禾，即由木分化而来。

甲骨文中的“禾”字，就像成熟下垂的禾穗，是禾本科作物形象的反映。甲骨文中有许多带禾的字，如黍、稻等。

甲骨文中的“木”字，就是树木的形状，从木的栗字，就形似结满了栗子的树木，其他带木的字还有桑、柳、柏、杏等。

甲骨文中还有4种象形鹿类动物的名称，就是鹿、麝、麋、麞。虽然它们整体形象不同，有的有角，有的没有角；有的角短，有的角长并有分支；有的腹下有香腺，有的没有。但这些作为动物名称的象形字，都有一个共同的象形的“鹿”作为它们的基本形制。这里面，实际上包含有将一些性状相近的动物归为一个类群的意思。

鹿是古代狩猎最重要的对象。所以古代人很熟悉鹿的生活习性。甲骨文中有“麓”字，形状就像鹿在树林中间。

鹿喜欢在山林中生活，以鹿所喜爱的树林栖息地表示山麓，

正是古人造字的原意，反映了古代人们对生物与环境关系的了解。

在甲骨文中，龙字的写法有四足，而且鳞文、巨口、长尾，就像鳄鱼的样子。扬子鳄在史籍中称为“鼍”，甲骨文中把“鼍”写得像一张伸展开的鳄鱼皮。鳄鱼有一张血盆大口，巨齿成排，鳞甲坚硬，四足修尾，水陆两栖，鸣声如雷，都与“龙”的特征一致。在我国传统文化中，龙是权势、高贵、尊荣的象征，又是幸运和成功的标志。

大象是商代人进行艺术创作的重要主题，在商代青铜器和玉器纹饰中多有表现。在商代都城的王陵区考古中，不只一次发现当时人们用大象或幼象做祭牲的祭祀坑。

虎，在甲骨卜辞中保持最原始的图形，有突出的牙和爪表现出来。这种凶猛的动物较难擒获，因此卜辞中提到的大型围猎活动中，虎经常只猎获到一二只。

兕，是一种曾经生存在黄河流域的野生大青牛，另一种说法是犀牛，因为在殷墟遗址中，发现过犀牛的骨骼，但大量都是野牛之骨。

除了上述文字外，甲骨文中关于动物类的文字还有很多，如：虫、鱼、鸟、犬、豕、马等。这些文字，同样具有丰富的史料价值。此外，在动物文字中也出现了一些与武器相关的字，而且展现出武器的不同用途，或杀戮，或割裂，等等。这在一定程度上可以展示商代狩猎工具的先进性与多样性。

总之，通过对殷墟甲骨文中关于部分动物文字的研究，不仅可以了解当时殷墟周围的动物种类、生态环境、狩猎工具制造情况，也可以考察到当时社会生活的方方面面，包括田猎、农业与畜牧业、手工艺、宗教仪式等。

而且，通过研究甲骨文中关于动物部分的文字，可以寻找出中国文字的发展脉络，这为研究古文字提供了可贵的实物材料。

甲骨文中动物种类如此繁多，说明当时的殷墟周围河流纵横，沼泽密布，气候温暖湿润，树木参天，水草丰盛，拥有很多良好的天然牧场，活跃着很多珍奇异兽。通过甲骨文中动物种类的分析，可以充分体现当时中原地区的环境特征。

延伸阅读

清代末期金石学家王懿荣在八国联军入侵时投井而死。王懿荣殉难后，他所收藏的甲骨转归好友刘鹗。刘鹗于1903年拓印《铁云藏龟》一书，将甲骨文资料第一次公开出版。

早期动植物地理分布

远在最古老的地理文献形成以前，地理知识的发生和发展必然已经经历了一个长期过程。

地球上某一动植物的群落类型在地表的分布，早在很久以前就被人类所逐渐认识。

我国古代劳动人民在长期与自然作斗争的过程中，大大增加了对华夏各地动植物的了解。

在《禹贡》《山海经》《周礼》等早期古典著作中，都蕴藏有丰富的有关动植物地理分布方面的知识。

据传说，大禹在治水时派一个叫竖亥的人，测量东西间和南北间的距离。

竖亥又名“太章”，是一个步子极大，特别能走的人。他率领专员，踏遍了中华大地，进行了较精确的测量。他们在测量时，发明了测量土地的步尺，还有量度的基本单位尺、丈、里等。竖亥从东极到西极大踏步行走，测得2.334575亿步，又从南极到北极大踏步行走，测得2.37575亿步。

大禹根据竖亥测得的结果，又测量了洪水的深度，然后从昆仑山取来息壤，治平洪水。息壤就是草木灰，据说它能自己生长，永不耗减，可以与水势相抗衡。大禹又根据山川土壤和植被情况把华夏大地划定“九州”，它们分别是：徐州、冀州、兖州、青州、扬州、荆州、梁州、雍州和豫州。九州的土壤和植被情况反映在了《尚书•禹贡》当中。

《禹贡》的出现与我国战国时代的人们为发展生产而对各地自然条件进行评价具有密切关系，它记述了九州山川、土壤、草木、贡赋等情况。其中对兖州、徐州、扬州的土壤和植被情况有很好的记载。

《禹贡》记载：在兖州，土壤是灰棕壤，草本植物生长繁茂，木本植物长得挺拔高耸，土壤肥力中下；徐州的土壤为棕壤，草质藤本植物生长良好，木本植物主要为灌木丛；扬州的土壤是黏质湿土，长着大小各种竹林和茂盛的草本植物，并长有许多高大的乔木。

《禹贡》指出，不同的土壤上所生长的植物是不一样的。由于地域不同、地理条件的差异，草木种类就不一样。所以，种植的粮食作物也应根据具体情况而有所差别。《禹贡》的作者正是通过动植物情况的调查记录来指导农业生产实践的。

除上述3个州外，《禹贡》还记述了荆州的贡品中包括杶、榦、栝、青茅及各种竹子。杶就是香椿，榦就是柘树，栝就是桧

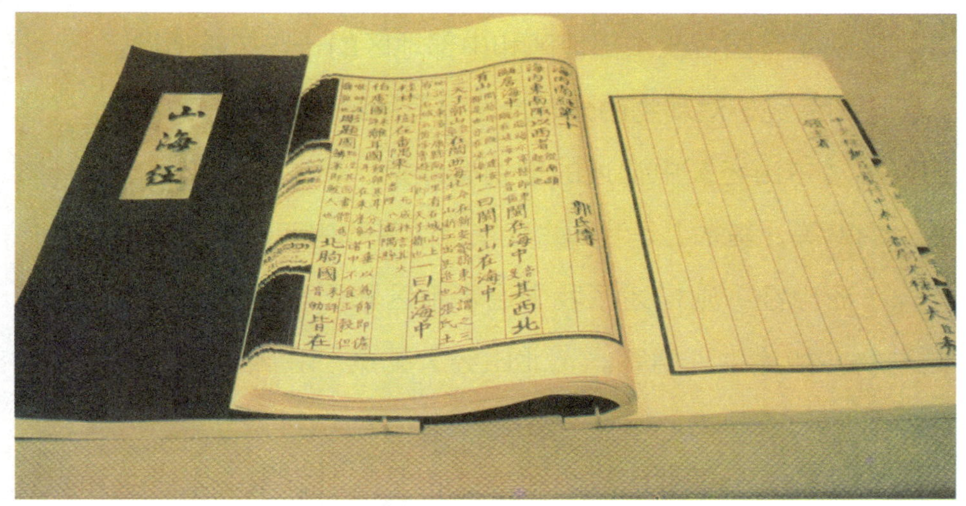

树。此外还记述了豫州出产各种纤维植物等。

其实，对于先秦时期动植物的地理分布情况，《山海经》和《周礼》两部著作则有更详细的描述。

《山海经》不是一时一人的作品，经西汉刘向父子校书时，才合编在一起而成。它是一部大约起自东周迄至战国的著作，还有秦汉学者的添加和润色。该书是作者基于对一些地区情况的了解，加上有关各地的神话、传闻写成的。全书具有较强的地理观念。

《山海经》中描述的动植物分布情况总体而言是比较粗糙的，描述地域较为笼统，涉及的生物虚实不清。只有《中山经》比较清晰，这可能与作者是中原人有关。

比如《中山经》记载：条谷山的树木大多是槐树和桐树，而草大多是芍药、门冬草。师每山的南面多出产磨石，山北面多出产青雘，山中的树木以柏树居多，又有很多檀树，还生长着大量柘树，而草大多是丛生的小竹子。

书中还在这部分地区提到松、橘、柚、薤韭、药、栎、莽草等，反映了我国古代东部地区和中部地区的一些植被情况。

《山海经》对动物的分布情况也有所记载，在《南山经》《东山经》《中山经》中记述的动物有白猿、犀、兕、象、大蛇、蝮虫、鹦鹉等，基本上是我国古代南亚热带和中亚热带的动物。

《西山经》则描述了我国温带地区和干旱地区的一些有特色的动物，如旄牛、麝等。《北山经》记载了我国古代西北草原、干旱区的一些动物，如马、骆驼、旄牛等。

《周礼》一书则比较全面地反映了当时积累的生物学知识，

并和国计民生紧密结合在一起。这部著作中的许多地方强调对各地环境和生物的认识。

《周礼•大司徒》记载：依据土地同所生长的人民和动植物相适宜的法则，辨别12个区域土地的出产物及其名称，以观察人民的居处，而了解它们的利与害之所在，以使人民繁盛，使鸟兽繁殖，使草木生长，努力成就土地上的生产事业。

辨别12种土壤所宜种植的作物，而知道所适宜的品种，以教民种植谷物和果树。这里的记载表明，那时的人们已经有意识地分辨各种野兽的名称和类别，以用作认识各地生物的基础。

《周礼》中首先将生物分为动物和植物两大类，并进一步将动物分为“小虫”“大兽”，约相当于无脊椎动物和脊椎动物。

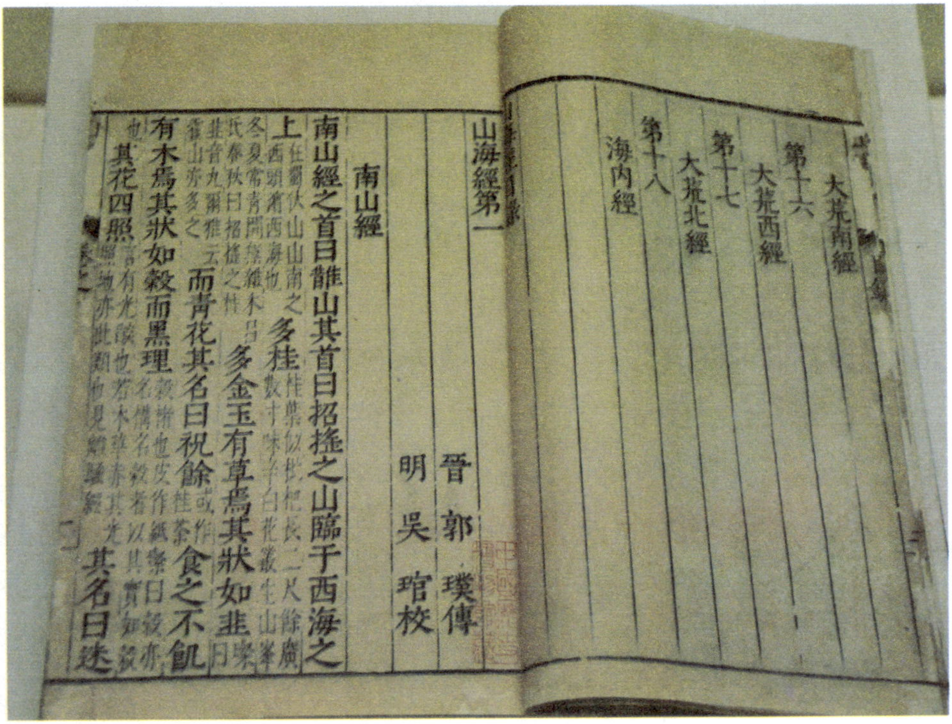

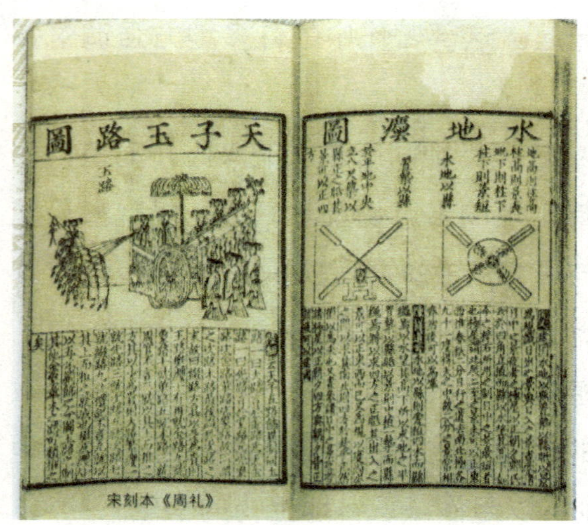

宋刻本《周礼》

小虫包括龟属、鳖属、蚯蚓、鱼属、蛇属、蛙属、蝉类、虫属等。大兽包括牛羊属、猪豕属、虎豹貔等毛不厚者之属、鸟属等。反映出我国当时的古代人类就已经有关于脊椎动物与无脊椎动物的区分。

《周礼》中有不少内容涉及生态学问题。书中提到辨别土地的出产物、名称及所宜种植的作物，表明我国的古代人类已经注意土壤与植物的关系，强调了在种植庄稼时先调查土壤情况的问题。

比如“山师”之职掌管山林类型的划分，分辨各类林中产物及其利害关系；“川师”之职掌管各种河流、湖泊的产物与其利害关系等。

《周礼》一书不仅关注动植物的一般分布，而且还注意到动植物分布的界限。比如，南方的橘树移植到北方，就会变成小灌木，橘子也会变成不能吃的“枳”；动物中的鸲等的分布也有类似情况。

这是当时人们在长期的观察自然、引种植物和狩猎中得出的经验总结。

当时的人们已注意到木材内部的结构与光照等环境因子的关系。比如认为向阳面纹理细密，向阴面纹理疏柔。这一观察实际

上已涉及到植物生态解剖学问题。

在有些章节中，作者也记述了人们对植物与水分因子的关系的关注。

特别引人注目的是，《周礼·大司徒》中的这样一段记载，是对“五地”的土地情况、动植物的特点、人群等进行系统的论述，体现了人们对生物与环境关系认识的深化。

在山地森林里，分布的动物主要是兽类，植物主要是带壳斗果实的乔木。那里的人毛长而体方。

在河流湖泊里，动物主要是鱼类，植物主要是水生或沼生植物。那里的人皮肤黑而润泽。

在丘陵地带，动物主要是鸟类，植物主要是梅、李等核果类果木。那里的人体型圆而长。

在冲积平地，动物以甲壳类为主，植物主要是以结荚果为主的豆科植物。那里的人肤色白而体瘦。

在湿洼之地，动物以蚊、虻昆虫为主，植物则以丛生的禾草或莎草科植物为主。那里的人胖而矮。

这段话虽然受阴阳五行说的影响，带有明显的刻板机械色彩，但不难窥见，在2000多年前，我国人民已具有初步的生态系统概念。

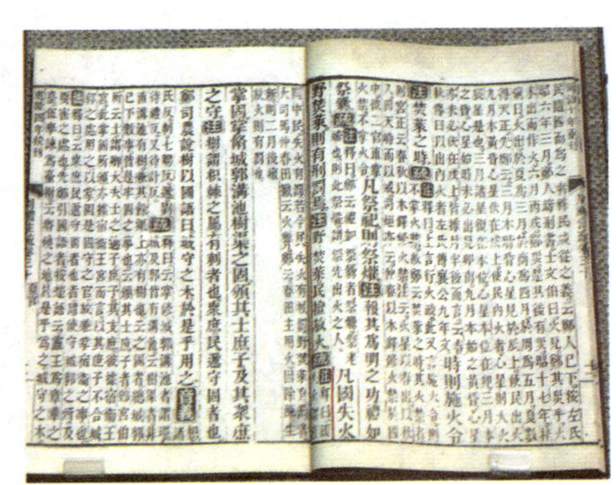

《周礼》一书中的有关记述，比《禹贡》更细致、全面。它不但有详尽的规划分工，还有严密的资源管理设

置。其中所反映的生态学知识更为具体、丰富，层次更加分明，在深度和广度方面都有了新的进步。

总之，从《禹贡》《山海经》和《周礼》的有关记载我们可以看出，当时的人们从宏观上对各地的植被做了一定的考察，具有一定的植物地理学思想。这是长期实践促使人们了解什么地方分布什么生物，适宜栽植何种类型的作物，不断熟悉各地环境的结果。

延伸阅读

据说大禹治水时，有一次他的妻子涂山氏给他送饭，发现一头巨熊在用爪子开山，原来这就是她的丈夫。涂山氏吓得拔腿就跑，中途变成一块山石。涂山氏当时已经怀孕，大禹叫道：“归我子！”石头应声裂开，石中的孩子就是夏王朝的开国之君——启。

早期的食物链记载

我国几千年的农业历史中，包含有农业生产与生态协调的合理因素，食物链的应用即是其中一例。食物链的形成是一个自然的过程，它不依赖生态圈以外的条件，且维持着整个生态圈内部生命生存的动态平衡。

生物之间以食物营养关系彼此联系起来的序列，就像一条链子一样，一环扣一环，在生态学上被称为“食物链”。在农业社会条件下，我国古人对动物结构中的生存规律尤为重视，已经注意到了动物之间存在着的食物链的关系，并被记录在《庄子》等古籍中。

相传很久以前，因为老百姓用粮浪费，玉皇大帝大怒之下把五谷杂粮的穗子都给捋走了。于是人们的生活就成了问题，只有想法寻找别的食物替代。

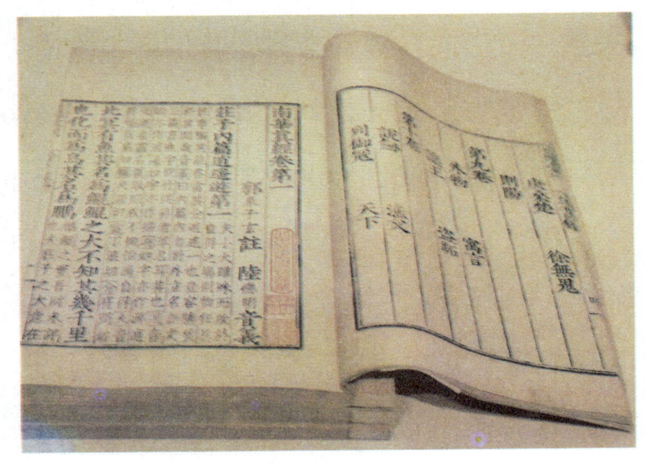

有一天，舜帝带着他的部族到了不远的雷泽湖捕鱼。一

条老鱼精游到湖面上问舜帝："大慈大悲的舜帝爷，你们浪费粮食，被上天惩罚，我们水族也跟着遭殃，以前你们的剩饭剩汤，我们能吃点儿，现在我们吃什么呀？"

舜帝爷一听，随口说："你们吃什么？大鱼吃小鱼！"大鱼只好游走了。

一会儿，又有一群小鱼游出了水面问："舜帝爷，你说大鱼吃小鱼，那我们小鱼也不能饿死呀！"

舜帝想了想说："小鱼吃虾米。"

小鱼刚游走，就有一群虾米跳出水面问："舜帝爷，我们虾米吃谁去呀？"

舜帝想来想去，虾米是没吃的了，忽然看见虾米的腿上都粘有污泥，随口说了一句："你们虾米就吃污泥吧！"

从此，大鱼吃小鱼，小鱼吃虾米，虾米吃污泥、吃浮游生物，形成了一条食物链。

食物链是大自然的生态链，更是地球人生存的真理。在同生物界广泛接触的过程中，我国古代学者在著作中记载了所得所悟，

表明已经进一步加深了对各种动植物与周围环境关系的认识。

先秦时期对食物链的记载和认识，不同种类的动物之间，为了生存，还存在着复杂的斗争关系。比如早在2000多年前，《庄子》就记载了许多与食物链有关的故事。

《庄子·山木》篇记载了“螳螂捕蝉，黄雀在后”的著名故事。有一天，庄周来到雕陵栗园，看见一只翅膀宽阔、眼睛圆大的异雀，从南方飞来，停于栗林之中。庄周手执弹弓疾速赶上去，准备射弹。

这时，庄周忽见一只蝉儿，正得着树叶隐蔽，而忘了自身。

就在这一刹那，有只螳螂借着树叶的隐蔽，伸出臂来一举而搏住蝉儿，螳螂意在捕蝉，见有所得而显露自己的形迹。而此时

的异雀乘螳螂捕蝉的时候，攫食螳螂。只是异雀还不知道，它自己的性命也很危险。

庄周见了不觉心惊，警惕着说道："物固相残，二类相召也。"意思是说，物与物互相残害，这是由于两类之间互相招引贪图所致！想到这里，他赶紧扔下弹弓，回头就跑。恰在此时，看守果园的人却把庄周看成是偷栗子的人，便追逐着痛骂他。

这个生动的故事说明，庄周已经发现了人捕鸟、鸟吃螳螂、螳螂吃蝉等动物间的复杂关系。庄周所看到的这种关系，实际上是一条包括人在内的食物链。在食物链中，生物是互为利害的。不同种类生物之间的斗争是不可避免的。

《庄子》还有一个"蝍蛆甘带"的典故。"蝍蛆"即是蜈蚣，"带"是大蛇，该典故的意思是大蛇被蜈蚣吸食精血而亡。

在当时，岭南多大蛇，长几十米，专门害人。当地居民家家蓄养蜈蚣，养到身长几十厘米，然后放在枕畔或枕中。

假如有蛇进入家中，蜈蚣便喷气发声。放蜈蚣出来，它便鞠起腰来，首尾着力，一跳有几米高，搭在大蛇七寸位置上，用那铁钩似的一对钳来钳住蛇头，吸蛇精血，至死方休。

像大蛇这样身长几十米，几十千克、上百千克的东西，反而死在几十厘米长、指头大的蜈蚣手里，所以就有了《庄子》中"卿蛆甘带"的由来。

在古代，人们不仅知道蜈蚣吃蛇，而且也知道蛇吃蛙，而蛙又会吃蜈蚣。南宋道家著作《关尹子•三极》说："蝍蛆食蛇，蛇食蛙，蛙食蝍蛆，互相食也。"

陆佃的《埤雅》中也有类似的记述：“蝍蛆搏蛇。旧说蟾蜍食蝍蛆，蝍蛆食蛇，蛇食蟾蜍，三物相制也。”在这里蛙已被蟾蜍替代，但仍符合自然界的实际情况。动物相食的观念，在云南省江川李家山滇文化墓群中出土的战国青铜臂甲的刻画上也得到了反映。

青铜臂甲上刻有17只动物，可以分为两组。第一组13只动物，有两只大老虎，其中一只咬着野猪；另一只正向双鹿扑去。一只猿正在攀树逃避。此外还刻有甲虫、鱼、虾等小动物。第二组的画面上有两只雄鸡，一只正啄着一条蜥蜴，而蜥蜴旁边的蛾和甲虫，则显然是蜥蜴的食物；另一只鸡则被一只野狸咬住。

在第一组刻画中，反映了老虎、野猪和鹿构成的食物链关系。在第二组刻画中，表现了野狸吃鸡、鸡吃蜥蜴、蜥蜴吃小虫的关系。

上述记载表明，我国远在宋代之前，对蜈蚣、蛇、蛙、老虎、野猪、鹿、猿，以及甲虫、鱼、虾等动物在自然界里表现出来的互相竞争、互相制约的关系，已经有深刻的了解。

总之，我国早期在生物学领域已经认识到：在

食物链中，一种动物往往既是捕食者，同时又是被食者。也就是说，某一种生物既可以多种生物为食，它本身又可为多种生物所食，这样就形成了复杂交错的关系。

延伸阅读

据传说，汉武帝时，西域月氏国献猛兽一头。其形如两个月左右的小狗，就像狸猫般大小，拖一个小尾巴。但上林苑虎圈的老虎皆怕它。虎是兽中之王，是食物链的顶端。但“一物降一物”，遇到异兽，也难免被吃。

古代的动植物分类

在我国古代，随着农牧业生产的发展，人们在实践活动中，不仅在动植物的大类方面积累了宝贵的分类知识，而且，对于动植物还有进一步的比较精细的分类。

古人不断观察、分析、比较和认识，逐渐产生了古老的传统动植物分类认识，区分出大兽和小虫，逐步地形成了我国古代的动植物分类体系。

传说很早以前，龙门还没有凿开，伊水流到这里被龙门山挡住了，就在山南积聚了一个大湖。

居住在黄河里的鲤鱼听说龙门风光好，都想去观光。它们从河南孟津的黄河里出发，通过洛河，又顺伊河来到龙门口。但龙门山上无水路，上不去，它们只好聚在龙门的北山脚下。

一条大红鲤鱼对大家说："我有个主意，咱们跳过这龙门山怎样？"

"那么高，怎么跳啊？""跳不好会摔死的！"伙伴们七嘴八舌拿不定主意。

大红鲤鱼便自告奋勇地说："我先跳，试一试！"

只见它从半里外就使出全身力量，像离弦的箭一样向前冲，冲到龙门山脚下时纵身一跃，一下子跳到半空云里，带动着空中的云和雨往前走。

这时一团天火从身后追来，烧掉了它的尾巴。它忍着疼痛，继续朝前飞跃，终于越过龙门山，落到山南的湖水中，一眨眼就变成了一条巨龙。

山北的鲤鱼们见此情景，被吓得缩在一块儿，不敢再去冒这

个险了。

这时，忽见天上降下一条巨龙说："不要怕，我就是你们的伙伴大红鲤鱼，因为我跳过了龙门，就变成了龙，你们也要勇敢地跳呀！"

鲤鱼们听了这话，受到鼓舞，开始一个个挨着跳龙门山。可是除了少数跳过去化为龙以外，大多数都过不去。凡是跳不过去的，都从空中摔下来，额头上就落一个黑疤。直至今天，黄河鲤鱼的额头上还长着黑疤。

宋代陆佃的训诂书《埤雅•释鱼》记载："鱼跃龙门，过而为龙，唯鲤或然。"意思是说，鱼跃龙门，跃过去就成为龙，只有鲤鱼也许能这样。

远在人类社会初期，古人在从事最简单的采集、渔猎的生产过程中，就已经开始学会辨别一些有用的和有害的动物和植物。

随着农牧业生产的发展，人们在实践活动中，不断观察、分析、比较和认识，逐渐产生了要把周围形形色色的生物加以分类的想法，并且逐步地形成了我国古代的动植物分类体系。

对动植物进行分类，是人类认识、利用生物的重要手段，它对农牧业的生产和医药事业的发展都具有十分重要的意义。

春秋战国以后，我国古代生物学进入了一个新的发展时期，它的主要标志，就是出现了一些有关动植物方面的著作。《禹贡》和《山海经》中都有文字记述各地的物产，其中主要是动植物。《山海经》不仅著录各地动植物的名称，而且描述它们的形态特征，并记录它们的用途。

用草、木、虫、鱼、鸟、兽来概括整个动植物界的种类，这是我国最古老的传统分类认识。这一分类认识在我国最早的一部词典《尔雅》中比较完整地反映了出来。

《尔雅》大概从战国时期起就已经开始汇集，到西汉才告完成，是一部专门解释古代词语的著作。书中有《释草》《释木》《释虫》《释鱼》《释鸟》《释兽》《释畜》等篇，专门解释动植物的名称。

前六篇主要包括野生的植物和动物，最末一篇主要讲家养

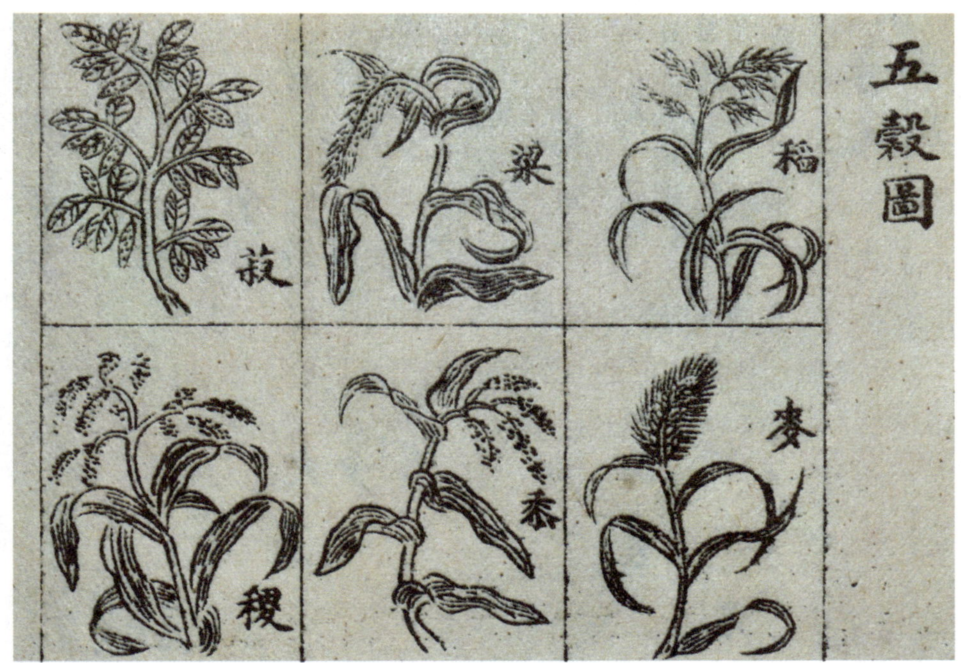

动物。从它的篇目排列次序来看，反映了当时人们对于动植物的分类认识，就是分植物为草、木二类，分动物为虫、鱼、鸟、兽四类。

《尔雅》各分篇比较精细的动植物分类认识，基本上反映了自然界的客观实际。这是我国古代劳动人民对动植物分类的朴素、自然的认识。这一朴素的分类方式，起源由来已久，流传也比较广。

根据殷墟甲骨卜辞中有关动植物名称的文字来考察，可以清楚地看到，4000多年前，人们在长期的农牧业生产实践中，就已经把某些外部形态相似的动物或植物联系起来，以表示这类动物或植物的共同性；把某些外部形态相异的动物或植物相比较，以表示它们之间的相异性。如：繁体字的雉、鸡、雀、凤这4个字，都从“佳”形，有羽翼，表示它们同属鸟类。

甲骨文中关于虫类名称的字形不多，但仍然可以反映出当时人们对虫类的分类认识。例如，虫、蚕都从“虫”形，表明它们同属虫类。谷类植物都是草本，生长期短，适宜于农业栽培，是人们生活资料的主要来源之一。甲骨文中有关谷类名称的有禾形，表明它们同属一类，都是草本植物。

也许当时人们对各种鱼类还没有严格区分，因此，在甲骨文中没有反映各种鱼类名称的文字。各种鱼类都用形来表示，以示它们同属一类。所以，可以说，在甲骨文中，已经有了虫、鱼、鸟、兽的分类认识的雏形。

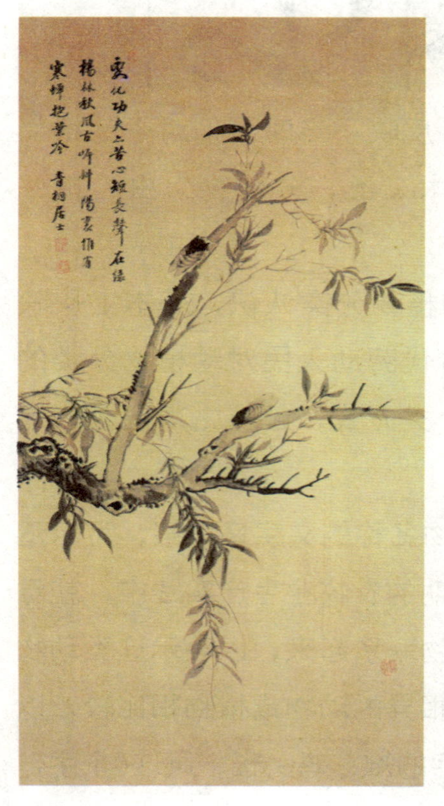

《尔雅》中的分篇，正是应用了这一古老的传统分类方式。从每篇所包含的具体内容来看，清楚地表明，人们对每一类的分类认识是相当明确的。

《释草》中所包含的100多种植物的名称，全部是草本植物。

比如葱蒜类，《释草》中说：“藿，山韭。茖，山葱。勤，山薤。蒚，山蒜。”

把山韭、山葱、山薤和山蒜等植物名称排列在一起，表明它们是一类的。而韭、葱、薤和蒜等植

物，在现在的分类学上认为是同一属的，称“葱蒜属”。

《释木》中的几十种植物名称，都是木本植物。这说明人们把植物分为草本和木本两类，和现在分类学的认识基本一致。

比如梾棶类，《释木》中说：“梾，赤棶；白者棶。”显然，把棶分为赤、白两种，自然是把梾和棶看作一类，反映我国古代已经有“梾树属”的概念。其他如桃李类、松柏类、桑类、榆类、菌类、藻类、棠杜类等，不一而足。

《释虫》所包含的80多种动物名称中，绝大多数是节肢动物，其余是软体动物。

比如蝉类，《释虫》中把蜩、螀、蠽、蝒、蜺等动物名称排列在一起，表示它们同属一类。这些不同种类的蝉，在现在分类学上属同翅目蝉科。

又如甲虫类，《释虫》中说："蛣蜣，蜣蜋。蝎，蛣。蠰，啮桑。诸虑，奚相。蜉蝣，渠略。蛂，蟥蛢。蠸，舆父，守瓜。"把这些名称排列在一起，显然是认为它们同属一类。

蛣蜣就是现在的蜣螂，属于鞘翅目金龟子科。蝎又名蛣，是一种甲虫的幼虫。蠰一名啮桑，可能是现在的啮桑，属鞘翅目天牛科。诸虑和啮桑同类，是甲虫的一种。蜉蝣属鞘翅目金龟子科的一种，名叫双星蛂或角蛂。蛂一名蟥蛢，当是现在的金龟子，属于鞘翅目。蠸又名守瓜，是金花虫一类的昆虫，属于鞘翅目金花虫科。

古人把这些甲虫排列在一起，列为一类，可知他们已经有甲虫类的概念。甲虫在现在分类学上是鞘翅目的总称。

《释鱼》中所列举的动物名称有70多种，种类比较复杂，其

中以鱼类为主，其次是两栖类、爬行类、节肢动物、扁虫类和软体动物。

如果按照《尔雅》中“有足谓之虫，无足谓之豸”的概念，把节肢动物、扁虫类和软体动物归入虫类，那么《释鱼》中所包含的动物相当于现在分类学上的鱼类、两栖类和爬行类，也就是所谓的凉血动物。

《释鸟》中列举的动物大约有90种，除蝙蝠、鼯鼠应列入兽类外，其余都属鸟类，大致相当于现在分类学上的鸟类。

《释兽》中列举的动物名称大约有60种，都属兽类，和现在分类学上的兽类同义。

在《释兽》《释畜》篇中，有“寓属”“鼠属”“齸属”“须属”“马属”“牛属”“羊属”“狗属”“家属”“鸡属”等名称。从各属所包含的内容来看，这里的“属”，和现在分类学上“属”的定义不尽相同。

比如，“马属”所包含的动物有马、野马，也有騉、騉駼等良马，还有其他按毛色变异的不同而有不同名称的马达40种之多，大抵是家马和野马两类，相当于现在分类上的马科。

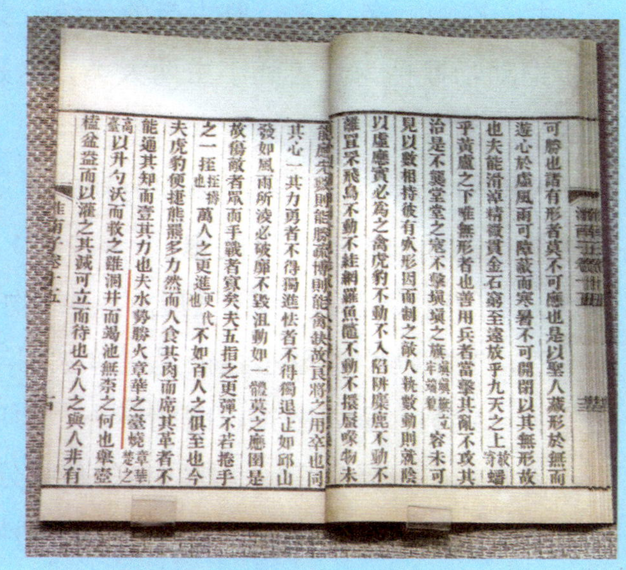

再如，“鼠属”所包含的动物10多种，大多属现在分类学上的啮齿目。其他如“鸡属”，基本上和现在分类学上的雉科同义。

《尔雅》中的动植物名称，在排列上是略有顺序的，从它的排列顺序，不难看出古代比较精细的分类认识。

古人在虫、鱼、鸟、兽古老的传统分类认识的基础上，又进一步把动物概括为大兽和小虫两大类，这是我国古代动物分类认识的又一发展。

根据和《考工记》差不多同时期的《周礼·地官》《管子·幼官篇》、战国末期的《吕氏春秋·十二纪》和汉初的《淮南子·时则训》中的有关记载，大兽所包含的5类动物是羽、毛、鳞、介、蠃。

羽，这类动物的形态特征是“体被羽毛”。《考工记》的描述是嘴巴尖利，嘴唇张开，眼睛细小，颈项长，身体小，腹部低陷。因此，“羽属”实际上是古老的传统分类中的鸟类。

毛，古人往往把虎、豹、貔之类的动物称为毛兽，也是因为

它们“躯体被毛”的缘故。这类动物实际上是传统分类认识中的兽类。

鳞、介两类是从古老的传统分类的鱼类中分化而来的。鳞，是因它们“体被鳞甲”而得名的，一般是指鱼类和爬行类。《考工记》认为小头而长身，抟起身体而显得肥大，这正是“鳞”的形象描述。介，是传统分类认识中鱼类的另一部分，就是龟鳖类。这类动物的躯体包裹在骨甲里面，古人称它们为“介兽”。

至于蠃属，根据大量事实，指的是人类，相当于现在分类学上的人科动物。在古人看来，人的体外没有羽、毛、鳞、介等附属物，所以称为“蠃”，意思是裸体的，就是人。

上述5类动物在现在分类学上都同属脊椎动物，因此“大兽”的含义自然也和现在分类学上的“脊椎动物”一词同义。

小虫之属，是以动物的外部形态结构、行动方式以及发声部位来区分的。

据《考工记》记载：骨长在外的，骨长在内的，倒行的，侧行的，连贯而行的，纡曲而行的，用脖子发声的，用嘴发声的，用翅膀发声的，用腿部发声的，用胸部发声的，这些都是小虫类。

小虫之属所包含的内容，实际上是古老的传统分类中的虫类，相当于现在分类学上的无脊椎动物。比如，体外有贝壳的软体动物，以两翅摩擦成声的昆虫等。这是我国古代传统分类认识的一次飞跃。

综上所述，我国在三四千年前，就已经出现了古老的传统分类认识，有了草、木、虫、鱼、鸟、兽的区分，又把动物分为大兽和小虫两大类。这是我国古代劳动人民的智慧结晶，是我国生物学史上的一份宝贵遗产。

延伸阅读

龙是中华民族的图腾，历史上有许多关于龙的目击记录。比如：219年，黄龙出现在东汉时期武阳赤水，逗留9天后离去。1162年，有人发现一条龙出现在南宋太白湖边，一夜雷雨过后，龙消失了。但是否属实，尚难确定。

《禽经》中记载的鸟类

《禽经》，作者师旷，全文3000余字，作者在参阅前人有关鸟类著述的基础上，总结了前人的鸟类知识，包括命名、形态、种类、生活习性、生态表现等内容。尽管其体例结构简单，内容也稍显粗糙，但作为我国最早的一部鸟类分类学著作，仍有较大的意义。

《禽经》作为我国同时也是世界上较早的一部鸟类学文献，对人们研究和玩赏鸟类都有参考作用，它所提供的早期鸟类信息，更是无可替代。

很早以前，蜀国有个国王叫作望帝。他爱百姓也爱生产，经常带领四川人开垦荒地，种植五谷，把蜀国建成为丰衣足食的“天府之国”。

有一年，在湖北的荆州的一只大鳖成了精灵，随着流水从

荆水沿着长江直往上浮，最后到了岷江。

当鳖精浮到岷山山下的时候，他便跑去朝拜望帝，自称为“鳖灵”。

望帝听他说他自己有治水的本领，便让他做了丞相。

鳖灵将汇积在蜀国的滔天洪水，顺着3500米长的河道，引向东海去了。蜀国又成了人民康乐、物产丰饶的天府之国。

望帝是个爱才的国王，他见鳖灵为人民立了如此大的功劳，才能又高于自己，便选了一个好日子，举行了隆重的仪式，将王位让给了鳖灵，这就是丛帝，而他自己隐居到西山去了。

鳖灵做了国王，一开始做了许多利国利民的大好事，后来他便居功自傲，变得独断专行起来。

消息传到西山，望帝老王非常着急，决定亲自进宫去劝导丛帝。百姓知道了这件事，便一大群一大群地跟在望帝老王的后面，进宫请愿。

丛帝远远地看见这种气势，认为是老帝王要向他收回王位，便急忙下令紧闭城门，不让老帝王和那些老百姓进城。

望帝老王无法进城，觉得自己有责任去帮助丛帝清醒过来，治理好天下。于是，他便化为一只会飞会叫的杜鹃鸟了。

那杜鹃扑打着双翅飞呀飞，从西山飞进了城里，又飞进了高

高宫墙的里面，飞到了皇帝御花园的楠木树上，高声叫着："民贵呀！民贵呀！"

丛帝是个聪明的皇帝，也是受四川百姓当成神仙祭祀的国王。他听了杜鹃的劝告，明白了老王的善意，便像以前那样体恤民情，成了一个名副其实的好皇帝。

可是，望帝已经变成了杜鹃鸟，无法再变回原形了，而且，他也下定决心要劝诫以后的君王要爱民。于是，望帝化成的杜鹃鸟总是昼夜不停地对千百年来的帝王叫道："民贵呀！民贵呀！"

可是以后的帝王没有几个听他的话，所以，他苦苦地叫，叫出了血，把嘴巴染红了，还是不甘心，仍然在苦口婆心地叫着"民贵呀！"

后代的人都被杜鹃的这种努力不息的精神所感动，所以，世世代代的四川人，都很郑重地传下了"不打杜鹃"的规矩，以示

敬意。

这个故事在《禽经》中也有记载。《禽经》进一步解释说："江左曰子规，蜀右曰杜宇，瓯越曰怨鸟。"又说："杜鹃出蜀中，春暮即鸣，田家候之，以兴农事。"

《禽经》原题作者是师旷，晋代文学家张华作注。师旷字子野，冀州南和人，春秋时期晋国的乐师，是著名音乐家，也是一位社会活动家。

最早引出《禽经》的是宋代陆佃的《埤雅》，所以一般都认为该书可能是唐宋时期别人托名所作。但即使《禽经》作于唐宋时期，也仍然是我国最早的一部鸟类学著作，距今也已有八九百年的历史。

其实，《禽经》不单是记载了杜鹃的情况，还有其他鸟类，比如鹗、鹏、鹞、鱼鹰、鸬鹚、翡翠、锦鸡、戴胜、黄鹂、鹤、鹈鹕、鸬鸠、伯劳、鹡鸰、鹦鹉等。这些鸟类大多数和现在所知种类相同。

《禽经》坚持以传统的"物化说"来看待鸟类的变化发展。对鸟的命名继承了传统的命名法。比如翡翠鸟、锦鸡、山鸡等。翡翠是

我国古代一种鸟的名字，其毛色十分艳丽。通常有蓝、绿、红、棕等颜色，一般雄鸟为红色，谓之“翡”，雌鸟为绿色，谓之“翠”。

翡翠鸟是一种很美丽的宠物，其羽毛非常漂亮，可以做首饰。所以《禽经》记载“背有彩羽曰翡翠”。

锦鸡形状像小鸡、大鹦鹉，背部有黄、红两种纹理。雄鸟头顶、背、胸为金属翠绿色，雌鸟上体及尾大部分呈棕褐色，缀满黑斑。这些体态特征，在《禽经》中被描述为“股有彩纹曰锦鸡”。

山鸡又叫“野鸡”“雉鸡”。性情活泼，善于奔走而不善飞

行，喜欢游走觅食各种昆虫、小型两栖动物、谷类、豆类、草籽、绿叶嫩枝等。它的颜色，在《禽经》中被描述为“尾有彩毛曰山鸡”。

《禽经》还以行为动作命名，如“鸷鸟之善博者曰鹗”等。鹗又叫“雎鸠”“鱼鹰”，属于雕类。体形像鹰，呈土黄色，眼眶深陷，喜欢寻鱼。会在水面上飞翔捕鱼，生活在江边。用盘旋和急降的方法捕食水中的鱼。

《禽经》一书中记有60余种鸟类，其中有许多都是以往著作中所未提及的新增种类。比如鸥、白鹇、信天翁、白厥鸟等。

在《禽经》一书中，作者对鸟类的形态特征、生活习性等都有记述。例如对黄鹂，就举了几个异名：“鸧鹒、黧黄、黄鸟也。亦名楚雀，亦名商庚，今谓之黄鹂。”并且解释了有些异名的来历。有利于人们的识别。

全书注重以生态记述为主。对鸟类的食性、筑巢、育雏、迁

徙等复杂行为，以及鸟类活动与环境的关系，记述非常详细。

书中细致地观察了一些鸟类的栖息地，总结出一些带有规律性的认识。如戴胜“树穴，不巢生”，鳲“冬适南方，集于河干之上……中春寒尽，故北向，燕代尚寒，犹集于山陆岸谷之间”，“山鸟岩栖”，“原鸟地处”等。

关于不同鸟类对季节气象的反映也做了记载。如肃鸟霜鸟“飞则陨霜”，鸢类“飞翔则天大风”，泽雉“啼而麦齐”，鸥“随潮而翔，迎浪蔽日”。

在书中还可看到鸟因食性不同也会导致其形态结构的差异。如“物食长啄”“谷食短啄”“搏则利嘴”“鸣则引吭”。意即食肉的鸟嘴较长，食谷物的

鸟嘴较短，善于搏击的鸟嘴尖利，善于鸣叫的鸟脖子长。可见鸟类具有适应性，表明这是长期进化的结果。

由此可以看出，《禽经》对鸟类的名称、种类、形态特征、生理活动、生活习性、生态表现诸方面都有比较广泛而又深入的研究，颇有见地。可以称是我国古代关于鸟类知识的一本小型的百科全书。

据说唐代贞观末年有个叫黎景逸的人，常爱喂食巢里的喜鹊，人鸟有了感情。后来黎景逸被冤枉入狱。一天，黎景逸喂食的那只鸟突然停在狱窗前欢叫不停。3天后他被无罪释放。从此，喜鹊成为好运与福气的象征。

药用动植物分类研究

自从有了生产活动，劳动人民就开始积累起使用药物治疗疾病的经验。历代生产者在采集药物的过程中，逐渐加深了对动植物的生态环境、形态特征、药用性质等的认识，形成我国古代独具特色的本草学。在我国古代典籍《神农本草经》《名医别录》《新修本草》等著作中，都有关于药用动植物的记载。它们是我国传统生物学的主要组成部分。

传说神农是农业和医药的发明者，他遍尝百草，有“神农尝百草”的传说，被世人尊称为“药王”。

远古的时候，人们吃野草，喝生水，食用树上的野果，吃地上爬行的小虫子，所以常常生病、中毒或是受伤。神农帝为这事很犯愁，决心尝百草，定药性，为大家消灾祛病。

有一回，神农的女儿花蕊公主病了，茶不思，饭不想，浑身难受，腹胀如鼓，怎么调治也不见轻。神农就抓一些草根、树皮、野果、石头共12味，招呼花蕊公主吃下。

花蕊公主吃了那药，肚子疼得像刀绞。不一会儿，公主就生下一只小鸟。这可把人吓坏了，都说是个妖怪。神农却认为这只玲珑剔透的小鸟是宝贝，还给它起个名字叫“花蕊鸟”。

神农又把花蕊公主吃过的12味药分开在锅里熬。熬一味，喂小鸟一味，一边喂，一边看，看这味药到小鸟肚里往哪走，有啥变化。

神农还亲口尝一尝，体会这味药在自己肚里是啥滋味。12味药喂完了，尝妥了，神农观察到药物一共走了手足三阴三阳十二经脉。

神农托着这只鸟爬大山，钻老林，采摘各种草根、树皮、种子、果实；捕捉各种飞禽走兽、鱼鳖虾虫；挖掘各种石头矿物，一样一样地喂小鸟，一样一样地亲口尝，观察体会它们在身子里

各走哪一经，各是何性，各治何病。

天长日久，神农就制订了人体的十二经脉和《本草经》。

有一次，神农手托花蕊鸟来到太行山的小北顶，捉到一只很特别的虫儿喂小鸟。没想到这虫毒气太大，一下把小鸟的肠毒断了。神农极为悲痛，大哭了一场。

哭过之后，选了一块上好木料，照样刻了一只鸟，走到哪儿带到哪儿。

后来，神农在小北顶两边的百草洼，误尝了断肠草，中毒去世了。在百草洼西北的山顶上，有一块像弯腰搂肚的人一样的石头，人们都说是神农变的。

为了纪念神农创中医、制本草，人们把小北顶改名为“神农

坛”，并在神农坛上修建神农庙。庙里塑了神农像，左手托着花蕊鸟，右手拿着药正往嘴里送。

现在，每天都有很多人观看神农坛风光，瞻仰神农塑像。

“神农尝百草”是久经流传的故事。其实，故事里的神农就代表了我国古代研究动植物药用价值的人们。古代人们在长期的生产实践中，对药用动植物的研究取得了丰富的经验。这些知识，就被记录在古籍之中。

我国最早的本草学著作是《神农本草经》。它约成书于东汉时代。全书记载药物360种左右，植物药占大部分，约为250种，动物药近70种。书中将药物按其性能、疗效分为上、中、下三品。这是一种药物的功能分类，不是用于生物的分类。这种分类

法比较简单。

《神农本草经》对每种药物的描述包括别名、生长地、性味、主治、功能等。其中大部分证明确有疗效，比较真实地反映了这些动植物药效的情况。

如“上品”中的人参、甘草、干地黄、署豫、大枣、阿胶等常用补药；“中品”中的干姜、当归、麻黄、百合、地榆、厚朴等都是补虚治疗的有效药物；“下品”中的巴豆、桃仁、雷丸也是利水、活血、杀虫的有效药。

这说明该书的记载是人们长期认识和实践的产物，具有较高的科学价值。

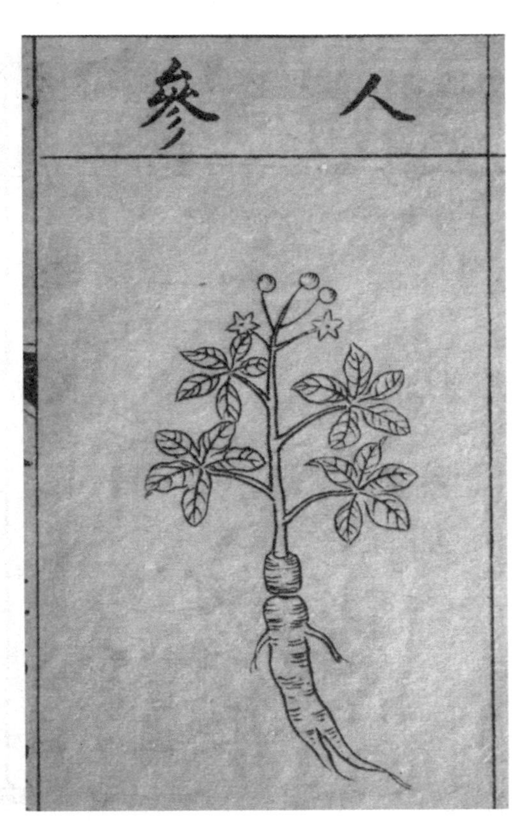

百合的主要应用价值不仅在于药用，有些品种还可作为蔬菜食用和观赏。其有“百年好合”“百事合意”之意，是我国人们自古时起其婚礼上的必不可少的吉祥花卉。而关于百合这个名称的来历还有一个古老的传说呢!

说早年间在四川一带有个国家叫蜀国。据说国君与皇后恩爱有加，生了100个王子。在国君与皇后年事渐高以后，国君又娶了一个年轻貌美的妃子。这妃子入宫后第二年就给老国君生了一个小王子。

国君老年得子，十分高兴，倍加宠爱。而王妃的想法可不一样，她想到的是自己生的这个小王子若是继承王位，是怎么也斗不过皇后生的那100个王子的。于是她就向国君进谗言，说皇后教唆着那100个王子要造反。谁知国君年老竟信以为真，不辨是非，下令将皇后和100个王子驱赶出境。

蜀国的邻国叫滇国。滇国本来就对蜀国虎视眈眈，想侵占蜀国土地。现在见蜀国国君如此昏庸无道，居然连自己的亲生儿子都赶出国境，认为时机已到，便马上发兵攻打蜀国。

蜀国本来国力非常强盛，但文武大臣们自从见到国君宠幸王妃，听信谗言、赶走皇后和王子们，也都人心涣散，不愿为他效力了。所以当滇国的军队攻城夺池时，很快就逼近蜀国国都了，形势万分危急。

国君在束手无策之际，只好亲自督阵。可是他的年岁大了，体力不济；再加上威信丧失，军队中人人只顾自保性命，无人肯冲锋陷阵。正在这时，国君忽然看见远远来了一队人马，人数不多，却英勇异常，直奔

入敌人阵营，一阵猛冲猛杀，竟然把敌军杀得人仰马翻，剩下的少数几个也狼狈逃窜而去。等到国君带领着军队迎上前去，才看清楚原来这一支仿佛从天而降的援军，竟然是被自己驱逐出宫的100个王子，以及他们带领的家臣们。

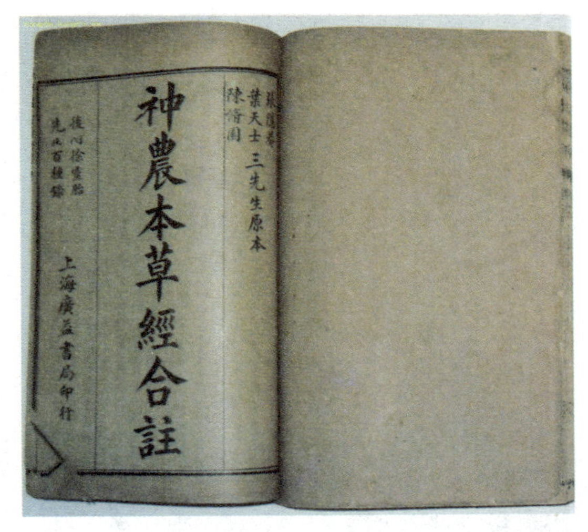

当时，国君又高兴又惭愧，激动得不知说什么才好。这时一位老臣赶上前来，对国君说："皇上，家和万事兴呀。你该把皇后和王子们都接回来，一家人团团圆圆才能安家兴国。"

大王子说："父王，请您放心，母后一贯教导我们要团结一心，共同辅佐父王，更要我们善待王妃与小弟。我们100个兄弟永不分离，一定要帮助父王共同治理国家。"

国君老泪纵横，激动得说不出话来。之后当然是接回了皇后和100个王子，王妃也知错认错了。蜀国从此更强盛发达了。

不久，奇事发生了。在王子们当年与敌军作战的高山林下，不知不觉地长出了一种奇异的植物。后来，人们根据它的地下茎层层叠合的特点，并联想到百子合力救蜀王的故事，便给它取了一个象征兄弟团结意义的名字"百合"，意在赞美百子的美德。

《神农本草经》对我国古代本草学的发展有着深远的影响。随后几个朝代的大型综合本草著作都收录了它的全部内容。其他一些学术著作如《博物志》《抱朴子》等也多见引用。它为我国

本草学的发展奠定了基础。

《神农本草经》成书后，汉代末期一些医学名家在此基础上，补记药物功用，新添药物种类而辑成了《名医别录》，对药物的记述包括正名、别名、性味、有毒、无毒、主治、产地、采收时节等。它反映了人们对药物认识的增进。

值得注意的是，《名医别录》的记载中开始有一些药用植物的形态描述。比如：记石脾，有“黑如大豆，有赤纹，色微黄而轻薄”；记木甘草，有“大叶如蛇状，四四相值，拆枝种之便生”等记述。对植物叶的营养繁殖情况作了初步的描述。

《名医别录》对药用植物的鉴别也有些简单的记载。如钩吻“折之青烟出者，名固活”等。本书一般都指明药物的出产地，如“蕙实，生鲁山”等。

《名医别录》记载的药用动植物的别名也比《神农本草经》中记载的多，如贝母、沙参等。《神农本草经》只记有它们的一个别名，而《名医别录》则记有五六个别名。这些在古代生物学发展史上具有重要意义。

《名医别录》之后的重要本草著作是南朝时期陶弘景的《本草经集注》。陶弘景着手整理了《神农本草经》中的365种药物，又把《名医别录》中采用的365种药物添上，编成了这部3卷收载药物730种的著作。

《本草经集注》总结了魏晋以来本草学的发展成就，补充了许多新的内容。对药物的产地、药用部分的形态、鉴别方法、性味、采摘时间和方法等都有更详细和确切的记述和观察。

从现存的资料看，该书对药用植物的形态鉴别很重视，尤其是对果实的鉴别。如书中写道："术有两种，白术叶大有毛而作桠，根甜而少膏，可做丸散用；赤术叶细无桠，根小，苦而多

膏，可做煎用。”

又如桑寄生，陶弘景指出，它“生树枝间，寄根在皮节之内。叶圆青赤厚泽。易折，傍自生枝节，冬夏生，四月花白，五月实赤，大如小豆。今处处皆有之，以出彭城为胜”。这里对桑寄生的形态、花期、习性、性味，都作了描述。

虽然陶弘景对各种动、植物的描述也存在有许多不确切之处，但在本草系统中，《本草经集注》是比较注重药用动植物形态，并用之于生药鉴别的。这在植物学知识的积累和传播方面都很有价值。

《本草经集注》突破了《神农本草经》上、中、下三品分类法，参考了《尔雅》的动植物分类模式，先将药物分成玉石、草、木、虫兽、果、菜、米食、有名未用等8类，然后在每类中再分为上、中、下三品。这种分类一直为唐宋时期的大型本草著作沿用。

唐代流传的《本草经集注》已经显现了它的局限性，有许多北方药物不能得见。再加上经过多年的流传，传抄谬误不少，远远不能满足社会的需要，本草学急需加以总结提高。

于是，在全国统一后，朝廷决定编撰一部新的著作，以满足社会需求。

659年，由朝廷组织编修的《新修本草》完成。一些学者认为这是世界上最早由国家颁布的药典，它反映了当时的本草学水平。

《新修本草》继承了《本草经集注》的分类方法，将所载的850种药物分为玉石、草、木、兽禽、虫鱼、果、菜、米谷、有名未用等9部类，然后再将每部类分为上、中、下三品。

其中草部有药256种，木部100种，兽禽部56种，虫鱼部72种，果部25种，菜部37种，米谷部28种，有名未用193种。

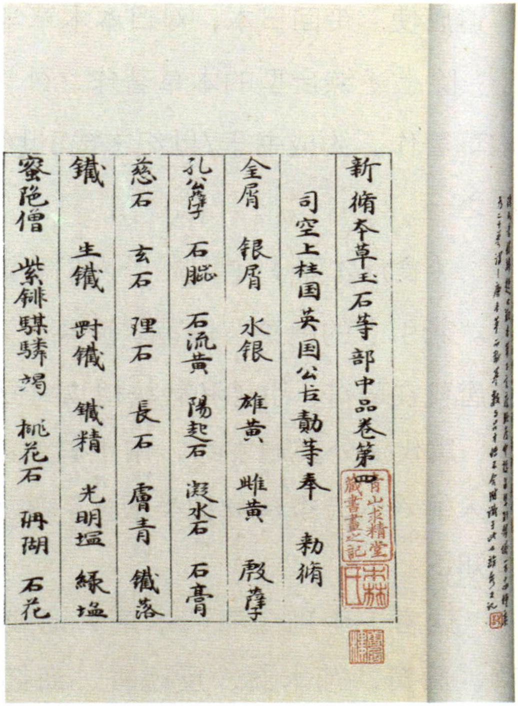

新增的100余种药中有95种是生物药，分别是草40种、木31种、兽禽9种、虫鱼6种、果2种、菜7种，如薄荷、鹤虱、蒲公英、豨莶、独行根、刘寄奴、鳢肠、蓖麻子等都是本书新增的。

本书还记载了20多种外来药，其中有安息香、阿魏、龙脑香、胡椒、诃黎勒、底野迦等。

以往本草著作往往只注重药物功能、产地及名称的辨别，略于药物形态的描述，并且没有附图。而《新修本草》除了对每种药物的性味、产地、采收、功用有详细的说明外，还特别注意对动植物药材的形态描述，并附有《药图》和《图经》。这对于人们认识药用动植物非常有用，具有较高的生物学价值。

《新修本草》刚修成发行就对社会上的医生有很大影响。名医孙思邈即在自己的著作《千金翼方》中抄录《新修本草》的目录和正文。

《新修本草》是唐代医学生的必修书之一，后来还被来华的

“遣唐使”带回日本，对日本本草学的发展有很大的促进作用。

除上述综合型的本草著作之外，唐代还出现一些特色鲜明的本草著作。约成书于7世纪末或8世纪初的《食疗本草》，就是其中之一。

《食疗本草》中记述了人们新近食用的蔬菜如牛蒡子、苋菜等。新引入的蔬菜有白苣、菠菜、莙荙、小茴香等。这些都反映了唐代在培育、引种和栽培植物方面的进展。

唐代海外交通发达，中土与波斯的商业交往频繁，通过波斯商人输入的芳香药物种类很多，使人们增长了不少新的药用动植物知识。

据唐人李珣《海药本草》记载，这些药物包括瓶香、宜男草、藤黄、莎木面、反魂香、海红豆、落雁木、奴会木、无名木、海蚕、郎君子等16种不见于以前书籍记载的药物。

两宋时期，随着经济的逐渐恢复，科学也日益发展。本草学在经历了唐代的发展以后，在宋代又逐渐形成了一个新的发展高峰，产生了《日华子本草》《开宝本草》《嘉庬本草》《图经本草》及后来的《证类本草》和《本草衍义》等重要本草著作。

它们的出现，标志着我国传统生物学的重大进展。其中的《图经本草》成就最高，影响也最大。

《图经本草》作者是天文学、机械制造及本草学家苏颂，他是我国历史上著名的科学家。这部书的显著特点是有着大量的药物图，并结合图对药物进行解说，在生物形态学方面有着很高的价值。

《图经本草》对生物的描述文字生动，考证详明，总的来说比前人更富于启发，辨异性更高明、更准确，有很大的进步。

在描述植物方面，书中举的类比植物一般都注意到形态相似，还时常用寸、尺、丈等衡量单位勾勒出植物的高低，给人以形象的概念。

对植物叶的叶缘、叶脉、叶的节律性开合，茎的形态，各种花的花冠和花序的形状，果实的形状等，大多有较详细的描述。所用的果实术语如房、罂子、荚、斗在古代植物学发展史上也很有影响。

《图经本草》一书还注意记述各种药用植物由于产地不同或野生和家种的差异，有效成分也有很大的不同。反映了人们对植物与环境关系的某种认识。并表明当时药用植物的栽培已相当普遍，同时具有一定的水平。

在对药用动物的描述方面，《图经本草》中一些出色的记述反映了当时的生物学水平。书中对动物的描述包括动物分布区域、生态习性、形态特征、行为特点和繁殖情况等，记述全面。

《图经本草》在传统

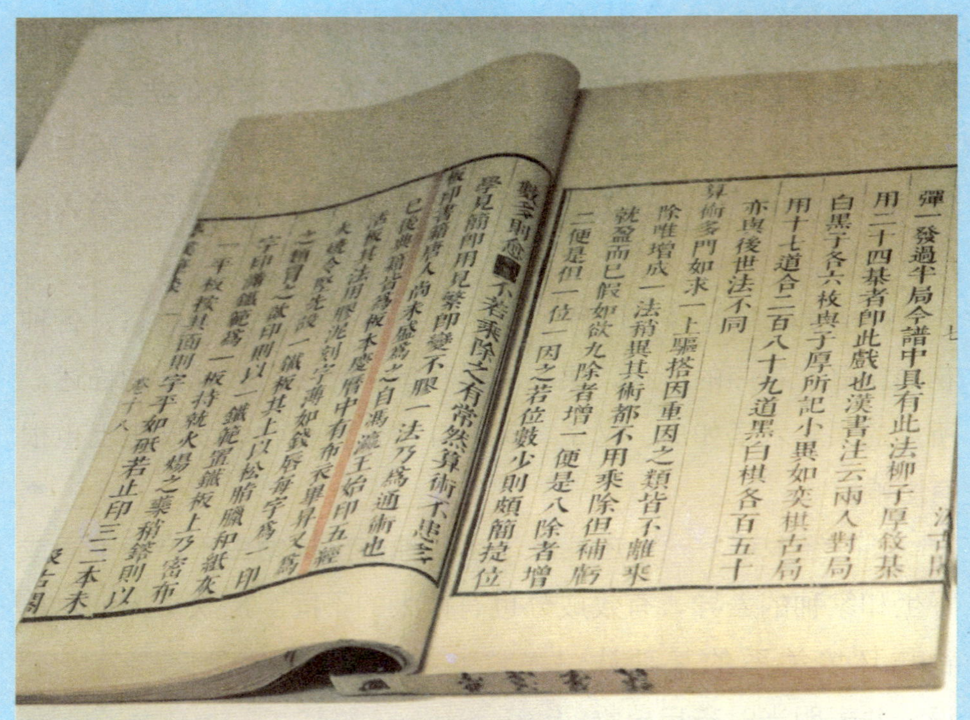

彈一發過半局今譜中具有此法柳子厚敘棊
用二十四棊者即此戲也漢書注云兩人對局
白黑子各六枚與子厚所記小異如奕棊古局
用十七道合二百八十九道黑白棊各百五十
亦與後世法不同
算術多門如求一上驅搭因重因之類皆不離乘
除唯增成一法稍異其術都不用乘除但補虧
就盈而已假如欲九除者增一便是八除者增
二便是但一位一因之若位數少則頗簡捷位
數多則愈繁不若乘除之有常然算術不患多
學見簡即用見繁即變不膠一法乃爲通術也
板印書籍唐人尚未盛爲之自馮瀛王始印五經
已後典籍皆爲板本慶曆中有布衣畢昇又爲
活板其法用膠泥刻字薄如錢脣每字爲一印
火燒令堅先設一鐵板其上以松脂臘和紙灰
之類冒之欲印則以一鐵範置鐵板上乃密布
字印滿鐵範爲一板持就火煬之藥稍鎔則以
一平板按其面則字平如砥若止印三二本未

生物学上起着重要的承前启后作用。作者在考察、描述药用动植物时，不仅借鉴了历代有名的本草著作，而且还参考了有关生物记述、注释的作品。

应该说苏颂的工作是在前人的基础上进行了大量的充实和发展，也可以说是苏颂对前人有关药用生物学工作的初步总结。《图经本草》对后来生物学和医药学的发展都有很深的影响。

宋代药物学家寇宗奭编著的《本草衍义》，在生物观察、纠正前人的不实之词方面显示了较高水平。

在动物方面，寇宗奭通过实地观察，证实前人所谓有三足虾蟆和鸬鹚繁殖时“口吐其雏”的说法都属无稽之谈。

在植物方面，寇宗奭能抓住植物的一些具体特征去辨别。如

用茎和叶脉之间的不同，区分兰和泽兰。对寄生植物如菟丝子和桑寄生根的生长方式有出色的观察。对植物生长、发育、生殖、分布现象都加以关注和探索。

他注意到百合的珠芽，指出这种“子”不生长在花中，对这种不花而“实”的现象表示困惑。

寇宗奭还仔细地比较了植物须根与块根的形态差别。他曾通过简单的解剖实验来加深对花的认识；观察到今天称之为无限花序的一些特征。

在种子的传播和植物营养繁殖方面，寇宗奭也做过细致的观察。如书中“蒲公草”条说：“四时常有花，花罢作絮，絮中有

子，落处即生。所以庭院亦有者，盖因风而来也。”

在“白杨”“景天”等条下，他记述了这些植物的营养体极易生根，指出这是它们容易繁殖发展的原因。

此外，《本草衍义》还记述了不少生物节律现象、性别知识等，这些在古代植物学发展史中都有深远的影响。

从上述唐宋时期以前的药用生物学来看，其成就是很高的，对我国古代博物学的发展有极深远的影响。至后来的明清时期，这方面的研究更有了新的发展。

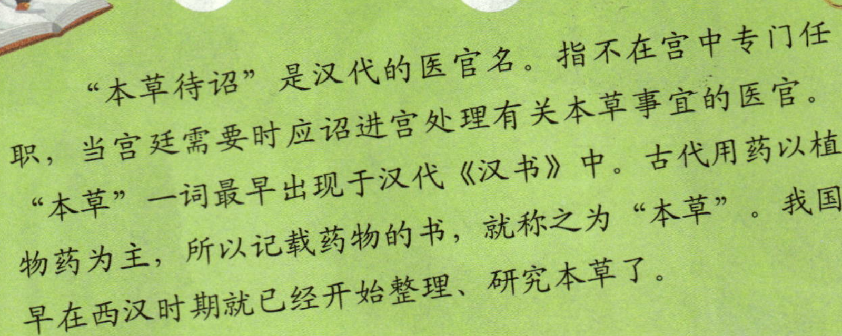

园林类植物的研究

我国造园有着悠久的历史，隋唐宋时期是园林建造异常兴旺的一个时期。园林的发展也带来对园林植物认识的深入和研究的繁荣。

大规模收集园林植物和珍稀动物来布置园圃，客观上对人们集中认识这些动植物生活规律具有重要作用，有利于动植物引种、驯化经验的积累和园林艺术水平的提高。

据记载，早在商周时，我国古代人类就已开始利用自然的山泽、水泉、鸟兽进行初期的造园活动。

隋炀帝杨广即皇帝位后，修建了洛阳西苑，其苑甚是宏伟，据说周长达140多千米。

接着隋炀帝三下江南，在全国范围内收集奇花异卉和一些珍禽异兽，将它们种植和养殖在园圃中。

唐代的大型皇家园林，基本是沿用隋代的。这一时期的许多官僚都有颇具规模的私园。其中也引种有大量的观赏植物。

唐初宰相王方庆的《庭园草木疏》一书，专门记载园林植物。这本著作久已失传，现在一些丛书所收的寥寥数条，显然是从《酉阳杂俎》中抄来的。

在王方庆著作的启发下，中唐宰相李德裕根据自己的私园平泉庄，写下了《平泉山居草木记》一书，堪称为平泉庄的“植物名录”。

平泉庄是李德裕在洛阳城外约15千米处营造的一座私园。

李德裕出身世家，一生酷爱嘉树、芳草、奇石。他营建这座园林时，费尽心机收罗植物名品，以期传流后世，陶冶子孙的情操，增加他们的博物学知识。

据乾宁年间崇文馆校书郎康骈《剧谈录》记载，平泉庄“卉木台榭，若造仙府”。李德裕是当时的权臣宰相，“远方之人，多以异物奉之”。

据李德裕自己的记载，园中有金松、琪树、香柽木、四时杜鹃、碧百合等上百种。这些植物主要都是来自于江浙、湖广一带，大多是园林珍品，以木本植物为主。收罗之全面，也称得上穷极天涯，令人叹为观止。即使是后世的很多名园，也很少能在收集珍品植物的方面望其项背。

经过唐代的积累，宋代人对园林植物的了解、认识更为具体和深入。不但各园记载有大量的植物，而且出现了许许多多的园林植物专谱。其中一些有较高的植物学价值。

向全国征集园林植物的做法，在宋徽宗时达到了登峰造极的地步。

据宋徽宗所写《御制艮岳记》等文献记载，宋徽宗在营建艮岳时，不但仿照自然山水叠成各种山岩沟壑，造就许多亭榭楼阁，而且还派官吏到全国各地收集观赏植物和珍奇动物。

宋徽宗从南方等地移来的植物中有枇杷、橙、柚、橘、柑、荔枝、金蛾、玉羞、虎耳、凤尾、素馨、茉莉、含笑等。在这个巨大的皇家苑囿中，造园者别出心裁地开辟专圃种植植物和放养动物。

有植梅万棵，芬芳馥郁的萼绿华堂。人工湖上，凫雁浮泳水面，栖息石间，不可胜计。水边还种有大片苍翠蓊郁的竹林。

艮岳西部的药寮，人参、白术、枸杞、菊花、黄精、芎等生长茂盛。仿农舍的西庄，种植有常见的农作物和一些观赏的攀援植物，颇有乡居风味。在蜿蜒的山腰上，密植青松，号为“松岭”。

可以看出，这里的植物安排非常注意模仿自然，但更精练和概括，突出体现了我国自然山水园林的艺术特点。其中也包含着建园者对植物生态习性和生理特征的深刻理解。

北宋文学家李格非《洛阳名园记》一书，记有大量私园中所栽植植物的情况。

如“天王院花园子”没有什么园亭建筑，但却种了几十万棵牡丹。“李氏仁丰园”中种有众多的各类花木。园主的嫁接技术很高，可以“与造化争妙”。

园中“桃李梅杏莲菊各数十种；牡丹芍药至百余种”。还

有“紫兰茉莉琼花山茶之俦”。“归仁园”种植大量的牡丹、芍药、竹和桃李。

“丛春园”是以桐、梓、桧、柏等乔木为主，环溪栽种各类花木和松桧。

从书中的记述可以看出，当时洛阳不但荟萃了大量的花木，而且引种、栽培、嫁接的水平都很高，所以一些南方的植物如茉莉、山茶等才能在那里生长。

随着洛阳园林的兴盛，宋代还出现专记这里花木的著作。著名的有周师厚的《洛阳花木记》和欧阳修的《洛阳牡丹记》。

《洛阳花木记》列举了各种花的花色，记牡丹109种，芍药41种，杂花82种，各种果子花147种，刺花37种，草花89种，水花19种，蔓花6种。

在记载花品之后，又载有四时变接法、接花法、栽花法、种子法、打剥花法、分芍药法等篇。记述很详尽。

《洛阳牡丹记》分3篇：

一是《花品叙》，列出牡丹品种24个。指出牡丹在中国生长的地域，认为“出洛阳者今为天下第一”。

二是《花释名》，解说花名由来：“牡丹之名或以氏或以州或以地或以色或族其所异者而志之”。列举了牡丹各品种的来历和主要的形态特征，珍贵的品种姚黄、魏花被尊之为“花王”“花后”。花型已有单叶型、千叶型的区分；花色已有黄、肉红、深红、浅红、朱、砂红、白、紫、先白后红等的区分。并且记述了牡丹由药用本草扩展为观赏花卉的历程。

三是《风俗记》，记述洛阳人赏花、种花、浇花、养花、医花的方法；并写到为将花王送到开封供皇帝欣赏，采用了竹笼里衬菜叶及蜡封花蒂的技术。

除上述两书外，宋代关于园林动植物的其他著作还有：蔡襄的《荔枝谱》、陈翥的《桐谱》、刘攽的《芍药谱》、王观的《芍药谱》、刘蒙的《菊谱》、张邦基的《陈州牡丹记》、王贵学的《兰谱》、范成大的《范村梅谱》和《范村菊谱》、韩彦直

的《橘录》等。这些作品，都为当地或自种名花、名果和树木作记作谱，可谓风气盛行。

宋代在促花开放的控温技术方面也有很大的进展，这反映在《齐东野语》一书记载的“堂花”技术中。

“堂花”是指通过人工处理后，催发植物提前开放的花。主要是通过改变小气候来实现的。《齐东野语》详细地记述了温室内的布置，施肥灌溉和加热扇风等技术，强调要因花而异地采取措施。

如秋天开的桂花就不能和其他春花一概而论。它应该加些类似秋天气候的凉爽处理，才能达到使其开放的目的。这些都说明当时人们对植物开花时的生理要求已有粗浅的认识。

延伸阅读

传说唐宪宗年间，韩愈被贬潮州任刺史，其侄儿韩湘子助他平安到达潮州后，帮助其驱赶鳄鱼，使潮州人民免受鳄鱼危害之苦。韩湘子是“八仙”之一，后来他还从百果大仙那里要来橄榄树种，以嫁接技术在潮州栽培。

古代对大型真菌的认识

大型真菌也称“高等真菌”，是能形成肉眼可见的子实体或菌核的一类真菌的总称。它因丰富的营养、特殊的风味和较高的药效，自古以来就受到人们重视。中华民族对食用真菌的认识和利用，见于文字和出土文物的记载约有五六千年的历史。

从我国现有的记载大型真菌的资料中可以看出，比较集中地反映出了古代后期我国南方地区研究大型真菌的优势，这些研究成果在当时不同时期对我国认识和研究大型真菌起到了十分重要的促进作用。

唐代官员张读写的志怪小说《宣室志》中记载了一个“地下肉芝”的传说。

兰陵有个姓萧的隐士，考进士没有考中，就把书全部焚烧掉了。后来他就隐居潭水边，跟一个道士学习修炼神仙之术。每天辟谷、吐

纳，以期延长寿命。

10多年后，萧隐士头发都白了，面色也枯暗的，脊背也弯曲了，牙齿也脱落了。一天早上，看着镜子中的自己，不禁大怒，气自己每天练功，却有如此衰象。

心灰意冷之下，他来到邺下当个角逐小利的商人去了。几年后，竟然成了有钱的大商家，买了大园子，在挖土地的时候发现了一种形状类似人手、微红色的，肥而且润的像肉块的植物。

萧隐士以为这是个灾祸，因为他曾经听人说“太岁头上不可动土，如果犯到太岁，地下会有一块肉给挖了出来，这是不祥的预兆”。如今真的挖到了这个像肉一样的东西，但如果吃掉它，或许可以免灾祸。

萧隐士将此物烹煮后吃掉，觉得味道甚美。从此萧隐士耳能听，视力也变得光亮起来了，还有使不完的力量，面容也变得年轻了。已经秃了的头，又长出了黑头发。脱落的牙齿竟然又生出来了。

萧隐士暗暗地觉得奇异，不敢告诉其他的人。

后来有位道士来到了邺下，途中遇见萧隐士，就为他切了个脉。他诊了很长时间，道士说：“先生你吃过灵芝。那灵芝样子像人的手，肥厚而且润滑，色微红。”

萧隐士想了想，就原原本本地如实相告。

道士恭贺他说：“先生寿命，将可与龟鹤等齐了。可是不宜居住在尘俗之间，应当退隐到山林里去，不管人间事，那就可以修成神仙了。”

从此，萧隐士隐居深山，清心寡欲，真正过起了隐居生活。

我国古代对于灵芝的认识起源于《山海经》中关于炎帝幼女“瑶姬”精魂化为“萄草”，即灵芝的神话故事。后经加工逐渐演变，更加富于神奇色彩。

比如在《礼记•内则》中记述灵芝“无华而生者日芝木而 ”，

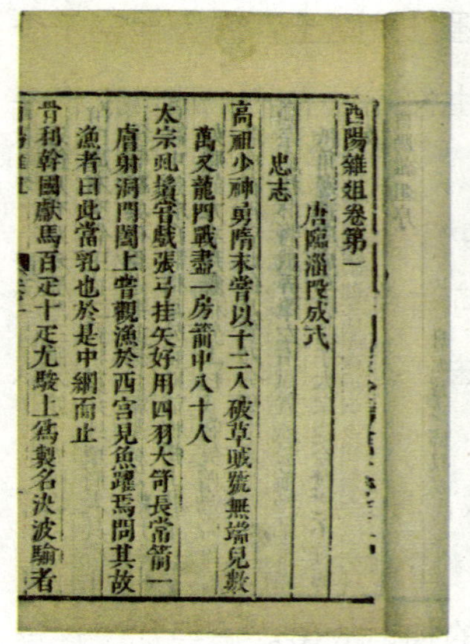

酉陽雜俎卷第一

唐臨淄段成式

忠志

高祖少神勇隋末嘗以十二人破草賊號無端兒數

萬又龍門戰盡一房箭中八十人

太宗虬鬚嘗戲張弓挂矢好用四羽大笴長常箭一

膚射洞門闔上嘗觀漁於西宮見魚躍焉問其故

漁者曰此當乳也於是中網而止

骨利幹國獻馬百疋十疋尤駿上爲製名決波騟者

在《尔雅翼》记载“芝，瑞草，一岁三华，无根而生”，说明我国古人把灵芝看作不同于有根、茎、叶的一般植物。

《神农本草经》中记载了灵芝可治神经衰弱、心悸、失眠等症，并根据菌盖色泽，评述品质高低。王充的《论衡》中就谈到“紫芝”可以像豆类似的在地里栽培。

灵芝属于自然界分布的一类大型真菌生物。其实，我国古代对菌类的认识和利用，具有悠久的历史。浙江省余姚县河姆渡村的出土物中就有菌类，表明我国在仰韶文化时期，就已经采食蘑菇。

我国的早期历史文献中，也记述了关于食用菌的栽培。2000多年前的《吕氏春秋》中，就载有“味之美者，越骆之菌”。

南北朝时期贾思勰的《齐民要术》“素食篇”中详细介绍了木耳菹的做法。

唐代苏恭等人著的《唐本草注》中记载了“煮浆粥安诸木上，以草覆之，即生蕈尔”的原始木耳栽培法。

韩鄂编的《四时纂要》中，则比较详细地叙述了用烂构木及树叶埋在畦床上栽培构菌的方法：

用烂构木及叶埋于地中，常浇以米泔水，经两三天即可长出构菌；或于畦中施烂粪，取六七尺的构木段，截断捶碎，均匀地

撒于畦中，覆土。常浇水保持湿润。见有小菌长出，用耙背推碎。再长出小菌，再推碎。如此反复三次，即可长出大菌，可以采食了。

《四时纂要》还对菌子的种植、管理、采收、干藏以及菌的有无毒性，能否食用，作了具体叙述。段成式写的《酉阳杂俎》中，有关于竹荪的描述，并说它只有帝王才能享用。

在记载大型真菌的许多古籍之中，比较重要的是：宋代《菌谱》描述了食用菌11种；明代《广菌谱》描述了食用菌19种；清代《吴蕈谱》描述了食用菌26种。

《菌谱》是南宋学者陈仁玉撰，是世界上现存最早的食用菌专著。书中论述了浙江省台州所产合蕈、稠膏蕈、栗壳蕈、松蕈、竹蕈、麦蕈、玉蕈、黄蕈、紫蕈、四季蕈、鹅膏蕈等11种菇的产区、性味、形状、品级、生长及采摘时间。书后附有毒菌的解毒方法，即“以苦茗、白矾匀新水咽之”。

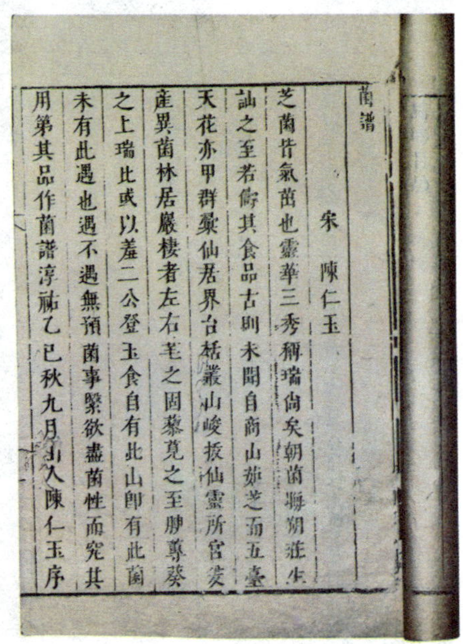

菌譜

宋　陳仁玉

芝菌皆氣茁也靈華三秀稱瑞尙矣朝菌晦朔莊生詘之至若儕其食品古則未聞自商山茹芝而五臺天花亦甲羣彙仙居界台栝叢山峻拔仙靈所宮爰產異菌林居巖棲者左右芼之固黎莧之至腴蓴葵之上瑞比或以羞二公登玉食自有此山即有此菌未有此遇也遇不遇無預菌事槩欲盡菌性而究其用第其品作菌譜淳祐乙巳秋九月山人陳仁玉序

南宋时期，台州的菌号称上等美味。比如当时朝廷中右丞相谢深甫家族，皆喜爱台州这种鲜美的特产。由于当时朝廷上下对台菌的酷嗜，入山采摘的人络绎不绝。

陈仁玉认为对于这种珍贵的土特产，很有辨识的必要。因此，他经过长期的观察、研究、品尝，“欲尽菌之性，而究其用，第其品”，写成了《菌谱》一书。

可以说，《菌谱》就是陈仁玉对家乡所产食用菌的调查记述。

《菌谱》中还对菌的生长条件，作了详细的记载，认为“芝菌皆气茁也”。也就是说，需要有一个气候、温度、湿度均适宜的生长环境。

陈仁玉的《菌谱》，不仅是世界上现存最早的食用菌专著，还开创了我国菌类植物学的先河。在陈仁玉《菌谱》问世之后，我国历史上比较著名的菌类专谱还有明代潘之恒《广菌谱》，清代吴林的《吴蕈谱》等。

明代潘之恒在宋代陈玉仁著的《菌谱》的基础上编写了《广菌谱》，收录各种蘑菇40余种，将云南、安徽、广西、湖南、山

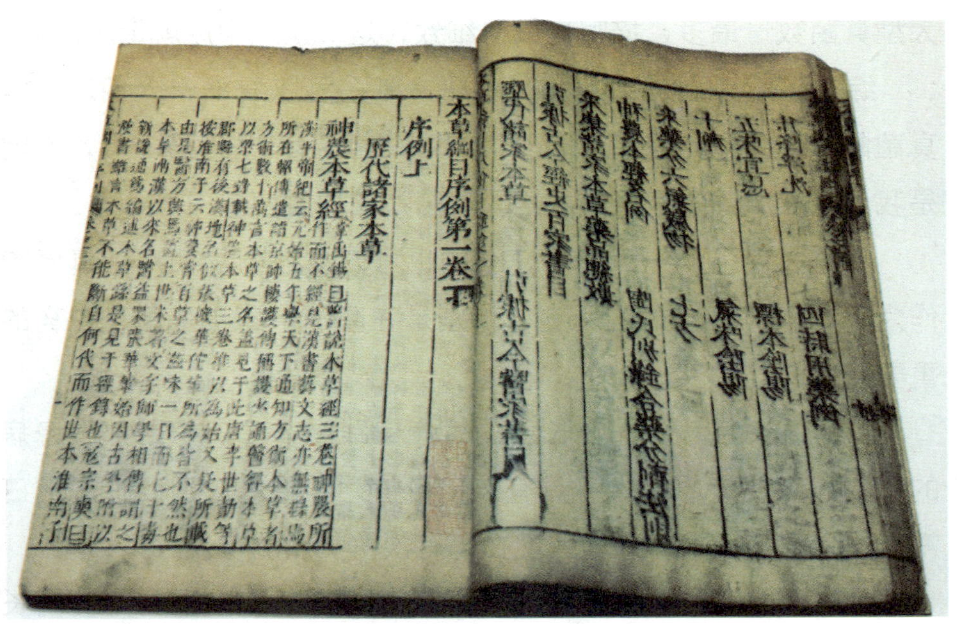

本草綱目序例第一卷上

序例上

歷代諸家本草

神農本草經

东、江西等省出产的19种食用菌作了介绍。

《广菌谱》实际上是对《菌谱》的补充，它所记载的8个品种蘑菇均为《菌谱》所未载。此外，它所载的品种不限于某一地域，而且内容更为详尽。

清代吴林《吴蕈谱》1卷，为《赐砚堂丛书新编》《昭代丛书》和《农学丛书》所收录，是继南宋陈仁玉《菌谱》、明代潘之恒《广菌谱》之后的又一部我国古代大型真菌专著。

吴林在《吴蕈谱》中概述了吴中当时所产大型真菌的种类及其特点，并根据菌类食用的优劣性，将26种食用真菌分为上、中、下三品，分别进行了研究，同时对非食用真菌也作了详细的论述，其中包括毒菌。书中除引用前人的部分资料外，作者亲自作了许多研究工作。

通过与《菌谱》和《广菌谱》比较发现，《吴蕈谱》记录的大型真菌数量最多，描写也最为细致，是三谱之中成就最高的。

综观记载大型真菌的我国古籍文献，可以看出，人们对大型真菌的认识主要包括两大部分，即“芝类”和“菌蕈”类，也就是我们现在所说的木质或木栓质类菌和肉质类菌。

真菌不仅可以作为食物，有的也可以作为药物使用。真菌被作为药物，也有悠久的历史，特别是在我国，药用真菌是中药的重要组成部分。

我国古代劳动人民在长期的生产实践中，已认识到部分患病的植物组织或病原菌本身具有药用价值，并将其应用到临床或日常生活中，如我国部分地区现在仍有饮竹黄酒的习惯。

明代医药家李时珍在《本草纲目》中记述的多种药用真菌长期使用不衰。

总之，上述这些菌谱，对研究我国古代食用菌的种类和历史有一定学术价值。

延伸阅读

从前有位年轻英俊的藏族青年，为了建设家园，顶着烈日开垦着一片又一片荒山。有一天，蘑菇仙子驾云经过这里，身不由己缓缓飘落下来，舒展广袖，翩翩起舞。忽然，一阵狂风无情地卷走了频频呼叫的仙女。然而在仙女起舞的地方出现了一朵朵千姿百态的蘑菇。

古代昆虫寄生现象研究

昆虫寄生是指昆虫中的一些种类，在一个时期内或终身附着其他动植物体内或体外，并以摄取寄主的营养物质来维持生存，从而使寄主受到损害的昆虫。古代很早就观察到昆虫的寄生现象。古代学者对寄生虫，以及螨虫、蛹虫、螟蛉等寄生现象进行了细致的观察和研究，这在当时世界上是少有的。

我国早在上古时期，先民们就意识到自然界的毒虫对人的侵害。殷商甲骨文出现“蛊”字，说明3000多年前古人就已发现了人体内寄生虫。

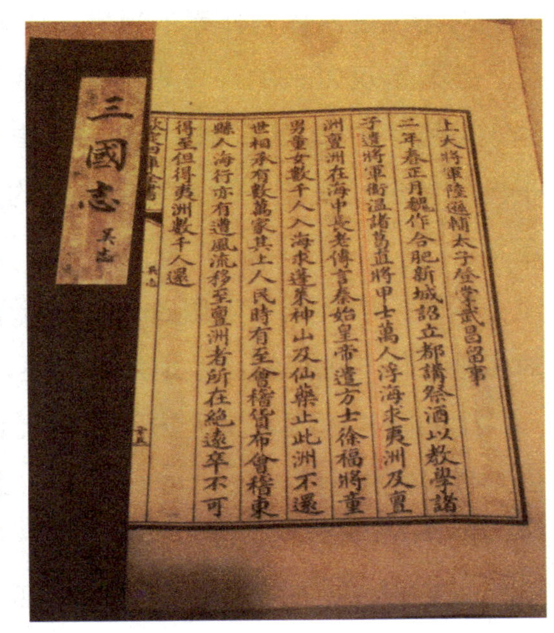

三國志

上大將軍陸遜輔太子登掌武昌留事
二年春正月魏作合肥新城詔立都講祭酒以教學諸
子遣將軍衛溫諸葛直將甲士萬人浮海求夷洲及亶
洲亶洲在海中長老傳言秦始皇帝遣方士徐福將童
男童女數千人入海求蓬萊神山及仙藥止此洲不還
世相承有數萬家其上人民時有至會稽貨布會稽東
縣人海行亦有遭風流移至亶洲者所在絕遠卒不可
得至但得夷洲數千人還

我国早在上古时期，先民们就已经意识到自然界的毒虫对于人类的侵害。殷商甲骨文出现“蛊”字，就像很多虫子同蓄于器皿之中。《说文》：“蛊，腹中虫也。”腹中有虫，当会啮噬内脏，引起腹胀、腹痛、下血等症。

由此可见，我国在3000多年前已发现了人体内寄生虫，表明人们对毒虫进入体内作祟的猜想，此为对寄生虫病认识之始。

战国秦汉以来的许多古医籍记载了多种寄生虫病，涉及现在的人体寄生虫学所列的蠕虫病、原虫病和昆虫病，有的记载还属于世界首创。所记载防治寄生虫病的方法和药物，于今仍有实际意义。

其后，历经周秦汉唐各代，关于寄生虫病的证治积累渐丰，对多种虫体与虫病能细致地加以描述，有些发现属于世界首创。

比如隋代医学家巢元方等撰的《诸病源候论》中所称的“九虫”皆是蠕虫。

其“九虫候”说道：“九虫者，一曰伏虫，长四分；二曰蛔虫，长一尺；三曰白虫，长一寸；四曰肉虫，状如烂杏；五曰肺

虫，状如蚕；六曰胃虫，状如虾蟆；七曰弱虫，状如瓜瓣；八曰赤虫，状如生肉；九曰蛲虫，至细微，形如菜虫。”

对于人群的感染和发病的情况，巢元方进一步指出：“人亦不必尽有，有亦不必尽多，或偏有，或偏无者。此诸虫依肠胃之间，若腑脏气实，则不为害，若虚则能侵蚀，随其虫之动而能变成诸患也。”

表明人群寄生虫的感染率很高，但也有未感染者。虫病的症候表现又与感染者脏腑虚实状态有密切关系。这些观点，体现了中医发病学重视正邪双方斗争的一贯理论。

古代医籍对虫病的症候描述及其分型上，达到了很高的水准，其治疗方法也多是行之有效的。一批疗效很高的驱虫或杀虫

药，经千百年的实践认识，被确定下来，有的至今仍在使用，并经现代科学方法研制出新一代药品，受到国内外的高度重视。

除了人体寄生虫研究外，对自然界昆虫寄生的现象，我国古代也取得了诸多研究成果。比如春秋时期的《列子•汤问》记载："焦螟群飞而集于蚊睫，弗相触也。栖宿去来，蚊弗觉也。"

意思是说：有一种叫焦螟的虫，平常结群生活在蚊子的睫毛上，焦螟之间没有身体接触，蚊子也感觉不到它的存在。

焦螟也称"焦冥"，是传说中一种极小的虫。据当代昆虫学家研究，它可能是一种寄生性的螨类，可见我们祖先在2000多年前，就已经观察到有一种螨虫会寄生在蚊虫身上。

《尔雅》一书中提到寄生蝇，叫"蠁"，是古人在养蚕生产实践中发现其有寄生生活的现象。

晋代郭璞在为《尔雅》作注时说，"蠁"还有一个名字叫"蛹虫"。宋代陆佃《埤雅》中记载，蠁这种寄生蝇在蚕身上产卵，等到蚕吐丝成茧时蝇卵便生在蚕蛹中，孵化为蝇蛆虫，俗称之为"蠁子"，这种蝇蛆钻进土中，不久就化为蝇。

明代生物学家谭贞默经过亲身观察，不仅验证了前人记载的正确，而且还指出这种寄生蝇是在蚕体背部产卵的，所有的卵都要化为蝇蛆，吮食蚕蛹体组织，最后钻出，化为成虫，即蝇。

古代人所说的蠁虫，实际上就是多化性的蚕蛆蝇。它的幼虫寄生于蚕体，便造成了家蚕蝇蛆病害。明代谭贞默曾经正确地指出，蚕蛆蝇寄生为害的主要是夏蚕。

夏蚕中有7/10的蚕蛹有蝇蛆寄生，所以不能正常发育，只有

3/10的蚕蛹能正常发育成熟。可见其对蚕业生产为害之烈。

由此可以看出，郭璞之所以又把蠁叫作“蛹虫”，是因为这种寄生蝇是蚕的主要虫害之一，而它的幼虫在离开蚕体之前，多半是生活在家蚕生活史中的蛹期，即蛹变为成虫以前的一段时期。所以蛹虫有蛹中之虫的意思。这说明我国至迟在晋代，人们就已知道蚕蛆蝇的寄生生活。

螟蛉是青虫，是一种昆虫的幼虫；蜾蠃就是细腰蜂，是蜂的一种。《诗经》中有“螟蛉有子，蜾蠃负之”的诗句。从诗句中可以看出，早在3000多年前，人们就已经观察到了细腰蜂有捕捉其他昆虫幼虫的习性。

捕捉幼虫来作什么用呢？在先秦的著作中没有说明。后来的学者对此有各种解释，有的学者如汉代扬雄就认为，细腰蜂捉来死的青虫，便对它念咒：“像我！像我！”时间长了，死青虫就变成了细腰蜂。后来有不少学者都相信扬雄的说法。事实上，这个观察不仔细，还不了解事物的本质。但是也有些学者不相信扬雄的看法，他们通过亲自考察，逐步解开了“螟蛉有子，蜾蠃负之”的秘密。

南北朝时期医学家陶弘景，不相信蜾蠃无子，决心亲自观察以辨真伪。他找到一窝蜾蠃，发现雌雄俱全。这些蜾蠃把螟蛉衔回窝中，用自己尾上的毒针把螟蛉刺个半死，然后在其身上产卵。原来蜾蠃衔螟蛉回来并不是将其作为自己义子的，而是用作自己后代的食物，蜾蠃属于寄生蜂，它常捉螟蛉存放在窝里，产卵在它们身体里，卵孵化后就拿螟蛉作食物。陶弘景通过有针对性的观察，揭开了这个千年之谜。

陶弘景说，还有一种是钻入芦管中营窠的蜂，它是捕取草上的青虫作为后代食粮的。

其后，宋代本草学家寇宗奭已经观察到细腰蜂是将卵产在被捕捉的青虫身上的。明代官员、诗人皇甫汸在《解颐新语》一书中指出，螟蛉虫在窠内并没有死，但也不能活动。他还精细地观察到，如果被获物是蜘蛛的话，那么蜾蠃是将卵产在蜘蛛的腹胁中间，它和蝇蛆在蚕身上产卵是一样的。这些观察是完全正确的。

延伸阅读

螟蛉是一种绿色小虫，蜾蠃是一种寄生蜂。蜾蠃常捕捉螟蛉存放在窝里，在它们身体里产卵，卵孵化后就拿螟蛉作食物。古人误认为蜾蠃不产子，喂养螟蛉为子。

古代食用昆虫的利用

在那个茹毛饮血的蛮荒时代，人类与动物共存，在长期较量中凡是能战而胜之者，皆可成为自己的口中之食，小小的昆虫当然更不在话下。尤其在抓不到野兽就要饿肚子的时候，用昆虫来充饥毕竟要容易多了。

昆虫种类繁多，有的昆虫含有丰富的营养，味道鲜美，比如蝉、蚁、蛹、蝗、蝶等，很早就是我国古代餐桌上的佳肴。

我国的食虫历史早在3000年前的《尔雅》《周礼》和《礼记》中就记载了蚁、蝉和蜂3种昆虫加工后供皇帝祭祀和宴饮之用。

《庄子•达生》中记载了一个吃蝉者捕蝉的故事：

孔子到楚国去，走出树林，看见一个驼背老人正用竿子粘蝉，就好像在地上拾取一样。原来老人捕蝉是为了享受蝉的美味。

孔子就问道："先生捕蝉而食，方法巧妙。这里面有什么门道吗？"

驼背老人说："我有我的办法。经过五六个月的练习，在竿头累迭起两个丸子而不会坠落，那么失手的情况已经很少了；迭起3个丸子而不坠落，那么失手的情况10次不会超过一次了；迭起5个丸子而不坠落，也就会像在地面上拾取一样容易。"

孔子露出钦佩的神情。

老人接着说："我立定身子，犹如临近地面的断木，我举竿的手臂，就像枯木的树枝；虽然天地很大，万物品类很多，我一心只注意蝉的翅膀。我从不思前想后左顾右盼，绝不因纷繁的万物而改变对蝉翼的注意，为什么不能成功呢！"

孔子听完，顿有感悟，他转身对弟子们说："运用心志不分散，就是高度凝聚精神，说的就是这位驼背的老人吧！"

其实，古人食用昆虫由来已久。早在周代的《周礼·天官》中就记载可供食用的昆虫有蚁、蝉、蜂3种。其中记有"蚳醢"。"蚳"就是蚁卵，"蚳醢"就是用蚁卵加工成的蚁子酱。

当时王宫有专做食物的人，将蚁卵交给他们做成蚁子酱，供"天子馈食"和"祭礼"之用，是古代掌权者的席上佳肴。《礼记·内则》还有古代帝王用白蚁幼虫做酱供天子祭祀用的记录。

蜀汉安乐公刘恂《岭表寻异》说道："交广间洞酋长收蚁卵，淘滓令净，卤以为酱。或云其味酷似肉酱，非官客亲友不可得也。"可见已被广泛食用。

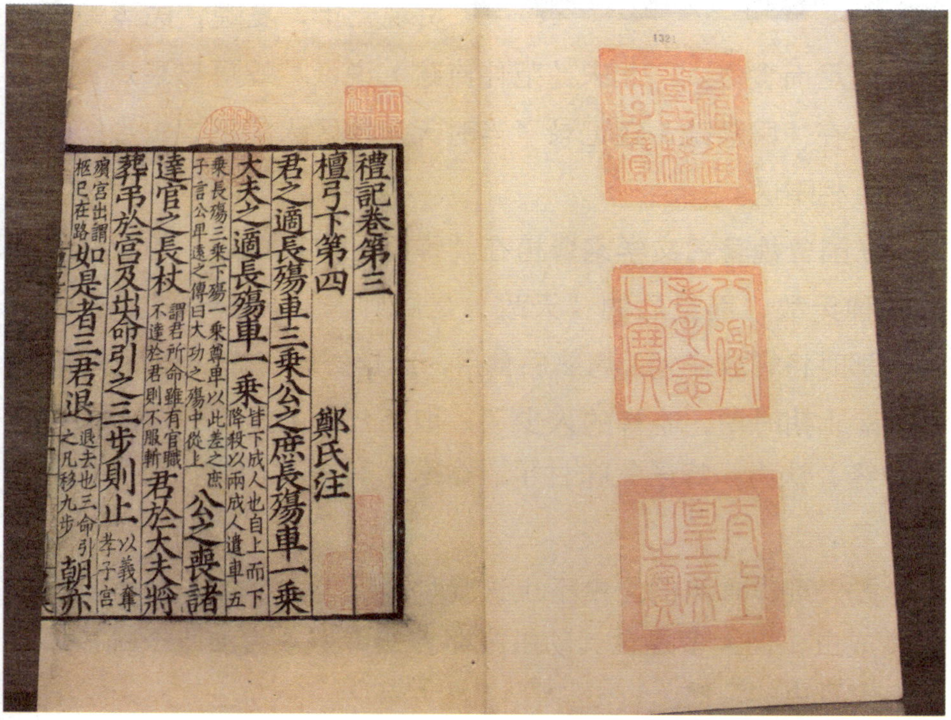

这种蚁子酱在秦汉前，称得上山珍海味，不但为上层人物所食，而且还用做祭祀时的祭品。后来这种蚁子酱在我国南方一些地方一直流传下来，至唐代仍然是待客的佳品。

唐代唐懿宗时人段公路《北户录》记载："广人于山间掘取大蚁为酱，名'蚁子酱'。"

唐代人们把蝗虫也列入食品，《农政全书》记载："唐贞观元年，夏蝗，民蒸蝗曝，飏去翅足而食之。"北宋《范仲淹疏》说："蝗可与菜煮食。"徐光启在《囤盐疏》还记录了当时天津地区人们把蝗虫当作美味食品互相赠送。

三国曹魏著名文学家曹植在《蝉赋》中，记述了蝉一生遇到过各种天敌，而最后的"天敌"是厨师。可见那时吃蝉的人很多。那时将蝉放在火上烤熟后食用，这样处理使蝉香脆而多味。

南北朝时期，吃蝉的人少了，取而代之的是"蜂"。《神农本草经》认为：蜂子气味甘平、微寒，有补虚功能，久服令人光泽不老。

古代可作食用的昆虫不止这几种，还有蠹、蝗、蝶等。有的是食成虫，但大多是食其幼虫或卵。如南方人喜欢吃蚕蛹。清代还有食豆虫的习惯。

据清代文学家蒲松龄《农蚕经》记载：

豆虫大，捉之可净，又可熬油。法以虫掐头，掐尽绿水，入釜少投水，烧之煤之，久则清油浮出。每虫一升，可得油四两，皮焦亦可食。

这种豆虫是豆天蛾的幼虫，有手指粗细。

此虫多生在豆地里，食豆叶和豆荚，对豆类作物危害极大，农民常进行手工捕捉。捉时手提小桶，见豆叶有被噬现象，或豆棵下有新鲜虫屎，即将豆叶翻过来细察，发现后取之入桶中，然后做成食物。

有趣的是，古代人们还把臭虫、蜻蜓、天牛等昆虫作为“山珍海味”。

例如《耕余博览》记载：唐代剑南节度使鲜于叔明嗜臭虫，“每采拾得三五升，浮于微热水，泄其气，以酥及五味遨卷饼食之，云天下佳味。”古人竟能把臭虫加工成天下佳味，可见他们的加工技术多么高超。

晋代学者崔豹《古今注》记载了食用蜻蜓的情

况。南北朝时期的陶弘景在《本草经集注》里说，把蛴螬与猪蹄混煮成羹，白如人奶，勾人食欲。

清代医学家赵学敏在《本草纲目拾遗》中引《滇南各甸土司记》说：腾越州外各土司中，把一种穴居棕木中的棕虫视为珍馔。土司饷贵客必向各峒丁索取此虫作供。“连棕皮数尺解送，剖木取之，作羹绝鲜美，肉亦坚韧而腴，绝似东海参云。”

实际上，现在广东一带市场上还把棕虫卖作生食。我国传统名点八珍糕，就是用蝇蛆作为调料，经过洗涤、曝干、磨碎等程序，与糕粉混合后复制而成的。

古人餐桌上的昆虫，在现代人的“食谱”中，大部分已经消失了。但蚁卵、龙虱、蚕蛹、蝗虫等，仍是人们的佳馔。

延伸阅读

在云南等少数民族地区，现依然保持着古老的食用昆虫的习俗。傣族地区有一种叫酸蚂蚁的，体躯很大，傣族人用细网兜住蚁巢，成蚁负蛋而出，却过不了网兜，只得留下蚁蛋来。蚁蛋拌鸡蛋炒，味道极美。古老的食用昆虫的习俗，已经成为了昆虫美食饮食时尚。

古代治蝗研究的成果

我国自古就是一个蝗灾频发的国家，受灾范围、受灾程度堪称世界之最。因而我国历代蝗灾与治蝗问题的研究成为古今学者关注的主题之一。蝗灾是世界性的灾变，而且源远流长。

我国古代治蝗积累了丰富的经验，出现了不少影响深远的治蝗类农书。书中在蝗虫的习性、蝗灾的发生规律、除蝗的技术等方面都有了初步的科学认识和总结，是宝贵的历史遗产。

蝗虫极喜温暖干燥，蝗灾往往和严重旱灾相伴而生，有所谓“旱极而蝗”“久旱必有蝗”之说。

我国自古农业害虫就很多，尤以蝗虫、螟虫和黏虫为害最烈。

春秋战国时期，虫害同水、旱、风雾雹霜、疠并列为国家“五害”之一，并在政府中设官掌管治虫。当时已知飞蝗的若虫和成虫之间的区别及其相互关系。

《礼记•月令》多处谈及气候异常会引起蝗、螟灾害，说明当时对害虫发生的条件已有所认识。

早期的简易方法及其发展人工扑杀，包括扑打、捕捉、烧杀和饵诱等，是最原始、简易的防治方法。如《吕氏春秋•不屈》中有人工扑打害虫的较早记载："蝗、螟，农夫得而杀之。"

用饵诱方法除虫的记载，首见于东汉政治家崔寔《四民月令》，书中提到用包过或插过炙脯的草把诱虫，这也是古代人民的一种创造。

我国是全世界制订治蝗法规的先行者，比如宋代颁布的法规《熙宁诏》和《淳熙敕》等。以后历代都把捕蝗列为国家要政，与农业大害的蝗虫展开了持久的斗争。

南宋治荒名吏董煟《救荒活民书》引北宋时的经验，根据蝗虫不食豆苗的特性，提倡广种豌豆以避免蝗害。

后来许多治蝗专书都有类似记载，并指出除豌豆外，则虫螟不生，还有绿豆、豇豆、芝麻、薯蓣，以及桑、菱等10多种蝗虫不食的作物。

明代农学家徐光启的《农政全书》指出，轮作制度被列为害虫防治的重要手段之一。种棉两年，翻稻一年，则虫螟不生，并指出除豌豆外，超过3年不轮种则生虫害。

明代末期《沈氏农书》认为种芋年年换新地则不生虫害，也进一步认识到杂草是害虫越冬和生息的场所，强调了冬季铲除草根的除虫作用。

清代已经有人认为一天之中要抓住蝗虫“三不飞”，即早晨沾露不飞、中午交配不飞、日暮群聚不飞的时机进行扑打最有效等，说明已知根据害虫的发生规律和生活习性进行防治。清代还创造了专治稻苞虫的竹制虫梳和专治黏虫的滑车等。

古代利用生物防治蝗虫方法的产生和发展也很突出。古人对昆虫的天敌早有观察。《诗经•小雅》记载有名叫“蜾蠃”的细腰蜂经常衔负螟蛉的幼虫。《尔雅•释鸟》注意到鶨剖苇、啄木鸟捉虫的习性。

南北朝时期医药学家陶弘景《名医别录》指出这是一种寄生现象；《南方草木状》说岭南一带柑农常到市场连窠买蚁防治柑橘虫害；陈旉《农书》明确提到桑田除草的目的之一是防虫，明代末期《沈氏农书》更进一步认识到杂草是害虫越冬和生息的场所，是世界上以虫治虫的最早记载。

古代用于防治害虫的药物种类范围颇广：植物性的有嘉草、莽草、牡鞠等；动物性的有蜃灰、蚕矢、鱼腥水等；矿物性的有食盐、硫黄、石灰、砒霜等。

施用方法也多种多样，用饵诱方法除虫的记载，包括混入种子收藏，拌同种子种植，浸水或煮汁洒喷，点燃熏烟，直接塞入或涂抹虫蛀孔等。

此外，古代还有许多通过收获物处理等方法以防虫害，如汉代王充《论衡》中提到麦种，必须烈日晒干然后收藏；《农政全书》中提到棉子用腊月雪水浸可以防蛀；《豳风广义》和《农圃便览》等提到用沸水和雪水冷热交替浸种可以防病防虫等。

总之，我国古代人民对蝗害有一定的认识，历代政府不仅在

防治技术上采取了多种措施，说明已知根据害虫的发生规律和生活习性进行防治，而且不断总结经验，逐步形成了治蝗的法规，如选择抗虫品种、精耕细作、清除杂草、轮种间作到药物防除等。其中的很多经验，至今仍有参考意义。

延伸阅读

清代雍正年间，有一年渤海滩一带发生了蝗灾，朝廷派将军刘猛率兵灭蝗。刘猛到了渤海滩，见蝗虫聚似山丘，涌如波涛，便催马引蝗虫直奔渤海，海水涌起3米巨浪，刘猛不见了，成群成群的蝗虫也被卷入了海底。

植物图谱与专著的编撰

植物图谱是按类编制的植物图集，植物专著是植物领域的专题论著。明清时期的植物图谱和植物专著，展示了这一时期植物学的最高水平。明清时期重要的植物图谱是朱橚的《救荒本草》，科学价值比较高的植物学专著或药用植物志是吴其浚的《植物名实图考》。

《救荒本草》是我国明代早期的一部植物图谱，它描述植物形态，展示了我国当时经济植物分类的概况。

这两部著作在我国古代生物学领域占有重要地位，并产生了深远影响。

朱橚是明朝开国皇帝明太祖朱元璋的第五个儿子，明成祖朱棣的胞弟。

明太祖朱元璋建立明王朝后，在加强中央集权的同时，实行分封制，于1370年，分封其九子为王，建藩于各战略要地，让他们震慑四方。朱橚被

封为吴王。

朱橚年轻时期就对医药很有兴趣，认为医药可以救死扶伤，延年益寿。

他在云南期间，对民间的疾苦了解增多，看到当地居民生活环境不好，得病的人很多，缺医少药的情况非常严重。于是他组织本府的良医李恒等编写了方便实用的《袖珍方》一书。

朱橚深知编著方书和救荒著作对于民众的重要意义和迫切性，就利用自己特有的政治和经济地位，在开封组织了一批学有专长的学者，如刘醇、滕硕、李恒、瞿佑等，作为研究工作的骨干，还召集了一些技法高明的画工和其他方面的辅助人员组成一个集体。

朱橚大量收集各种图书资料，又设立了专门的植物园，种植从民间调查得知的各种野生可食植物，进行观察实验。不难看出，他是一个出色的科研工作的领导者和参与者。

朱橚组织和参与编写的科技著作共4种，分别是《保生余录》、《袖珍方》、《普济方》和《救荒本草》。在所有著作中，《救荒本草》以开拓新领域见长，成就也最突出。

《救荒本草》是我国早期的一部植物图谱，是一部专讲地方性植物并结合食用方面以救荒为主的植物志。它描述植物形态，

展示了我国当时经济植物分类的概况。

书中对植物资源的利用、加工炮制等方面也作了全面的总结。对我国植物学、农学、医药学等科学的发展都有一定影响。

《救荒本草》分上下两卷，记载植物440种，分为5部：草部245种，木部80种，米谷20种，果部23种，菜部46种。其中出自旧本草的138种，并注有“治病”两字，新增加的276种。

《救荒本草》新增的植物，除开封本地的食用植物外，还有接近河南北部、山西南部太行山、嵩山的辉县、新郑、中牟、密县等地的植物。

在这些植物中，除米谷、豆类、瓜果、蔬菜等供日常食用的以外，还记载了一些必须经过加工处理才能食用的有毒植物，以便荒年时借以充饥。

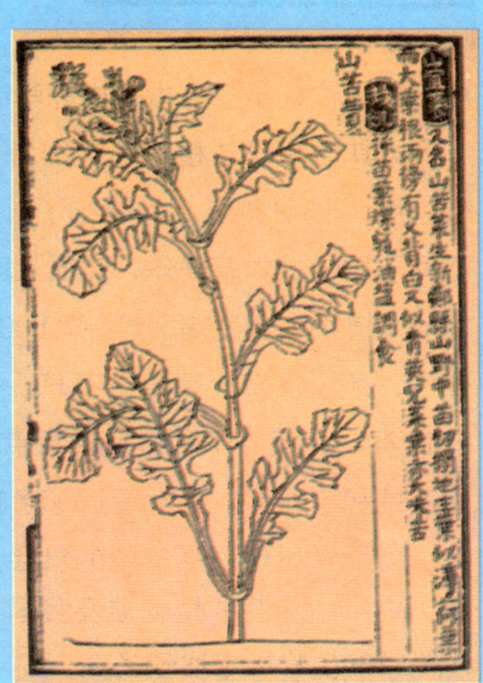

作者对采集的许多植物不但绘了图，而且描述了形态、生长环境，以及加工处理烹调方法等。

朱橚编撰《救荒本草》的态度是严肃认真的。他把所采集的野生植物先在园里进行种植，仔细观察，取得可靠资料。因此，这部书具有比较高的学术价值。

值得注意的是，《救荒本草》在“救饥”项下，提出对

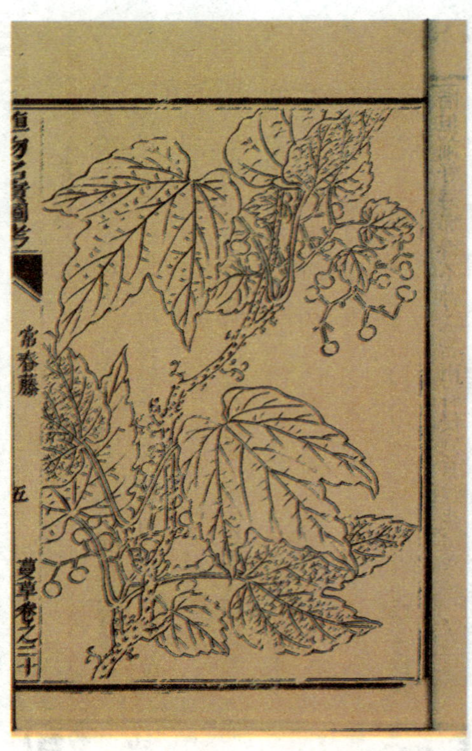

有毒的白屈菜加入“净土”共煮的方法除去它的毒性。

这种解毒过程主要是利用净土的吸附作用，分离出白屈菜中的有毒物质，是植物化学中吸附分离法的应用。这种方法和现代植物化学的分离手段相比显得很简单，但在当时却是难能可贵的。

《植物名实图考》是清代著名植物学家编著的我国古代一部科学价值比较高的植物学专著或药用植物志。它在植物学史上的地位，早已为古今中外学者所公认。

吴其浚写作《植物名实图考》，主要以历代本草书籍作为基础，结合长期调查，大约花了七八年时间才完成。它的编写体例不同于历代的本草著作，实质上已经进入植物学的范畴。

《植物名实图考》全书71000字，38卷，记载植物1740种，分谷、蔬、山草、隰草、石草、水草、蔓草、芳草、毒草、群芳等12类。每类若干种，每种重点叙述名称、形色、味、品种、生活习性和用途等，并附图1800多幅。

吴其浚利用巡视各地的机会广泛采集标本，足迹遍及大江南北，书中所记载的植物涉及我国19个省，特别是云南、河南、贵州等省的植物采集比较多。

吴其浚在山西任职时，就注意到《山西通志》上所谓山西不产党参的说法与实际不符。他发现山西不仅野外盛产党参，而且还有人工栽培。

他指出党参“蔓生，叶不对，节大如手指，野生者根有白汁，秋开花如沙参，花色青白，土人种之为利”。他还派人到深山掘党参的幼苗，进行人工栽培和观察，发现“亦易繁衍，细察其状，颇似初生苜蓿，而气味则近黄耆”。

《植物名实图考》所记载的植物，在种类和地理分布上，都远远超过历代诸家本草，对我国近代植物分类学、近代中药学的发展都有很大影响。

《植物名实图考》的特点之一是图文并茂。作者以野外观察为主，参证文献记述为辅，反对“耳食”，主张“目验”，每到一处，注意“多识下问”，虚心向老农、老圃学习，把采集来的植物标本绘制成图，到现在还可以作为鉴定植物的科、属甚至种的重要依据。

这部书主要以实物观察作为依据，作为一种植物图谱，在当时是比较精密的，是实物制图上的一大进步。

由于这部书的图清晰逼真，能反映植物的特点，许多植物或草药在《本草纲目》中查不到，或和实物相差比较大，或是弄错了的，都可以在这里找到，或互相对照加以解决。

如《植物名实图考》中藿香一图，突出藿香叶对生、叶片卵圆形成三角形、基部圆形、顶端长尖、边具粗锯齿、花序顶生等特征，和现代植物学上的唇形科植物藿香相符，而《本草纲目》上绘的图，差别很大，不能鉴别是哪种植物。

书中记载的植物，不仅从药物学的角度说明它们的性味、治疗和用法，还对许多植物种类着重同名异物和同物异名的考订，以及形态、生活习性、用途、产地的记述。

读者结合植物和图说，就能掌握药用植物的生物学性状来识别植物种类，可见《植物名实图考》一书对药用植物的记载已经不限于药性、用途等内容，而进入了药用植物志的领域。

《植物名实图考》是我国第一部大型的药用植物志，内容十分丰富，不仅有珍贵的植物学知识，而且对医药、农林以及园艺等方面也提供了可贵的史料，值得科学史家用作参考。

延伸阅读

吴其浚幼年喜爱植物知识，成人以后，“宦迹半天下”，每到一处便广采植物标本，向当地农民请教。他在家守孝期间，曾经植桃800棵，种柳3000棵，建植物园“东墅”，实地观察植物生长情况，考订其药性功能。后来著成《植物名实图考长编》等巨著。

水产动物的研究成果

明清时期，对水生动物的研究利用达到了高峰。著作数目较多，记述较详，有许多新的发现，其中不少种名为现代所沿用，分类方法亦有所进步，有些关于鱼类生理习性的记载颇有价值。

这一时期关于水产动物的著作中以记载鱼最多，反映了鱼类在水生动物中所占地位；记福建水产最多，反映了当时福建在沿海开发以及商业贸易中的地位。

明代末期，时任福建盐运同知的屠本畯将各种鱼类分门别类，最终形成《闽中海错疏》这一水产类专著。

张翰是西晋文学家，祖籍吴郡吴县，就是现在的江苏苏州。他为人纵放不拘，而有才名，都说他有阮籍的风度。

有一次，张翰听到一阵悠扬的琴声从一艘船上飘来，便登船拜访。张翰与那人虽素不相识，却一见如故，便问其去处，方知是要去洛阳，于是说：“正好我也有事儿要去洛阳。”便和那人同船而去，连家里人也没有告知。

一天，张翰见秋风起，突然想到故乡吴郡的莼羹、鲈鱼脍，心想怎么能够舍弃朵颐之快跑到千里之外呢？于是立刻还乡。

西晋张翰“莼鲈之思”，成为南方人士爱好食鱼的佳话。

南方人很大部分的蛋白质是从传统谓之渔业的水产品中获取的。司马迁《史记•货殖列传》中就说，南方楚、越之地的人们“饭稻羹鱼”，诚如斯言。

至明清时期，由于长江中下游地区水产业的高度发展，以鱼为主的饮食更加流行。其中以鱼为鲊的技艺，有鳇鱼鲊、鲟鱼鲊、荷包鲊、银鱼鲊、蟹鲊等10余种，鱼鲊制作工艺较以前更趋精致。

比如太湖地区荷包鲊的制作，多用溪池中莲叶包裹，数日即可取食，与装在瓶中鱼鲊相比气味特妙。

荷包鲊并不是直接在荷塘边制作，而是先将鲟鱼切成片，用米屑、荷叶分层包裹，当地人管它叫荷包。

制作鱼鲊所用原料多采用鲟鳇鱼。这主要是因为鲟鳇鱼骨质松脆，肉质细嫩，最适于制鲊。

清代康熙年间文人沈朝初在《忆江南》中记载：“苏州好，密蜡拖油鲟骨鲊”，盛赞鱼鲊美食。

明清时期，江南鱼类美食的盛行，说明这一时期水产的利用达到了一定水平。尤其是许多相关著作的问世，将水产动物的开

发利用推向了一个新的历史性高度。

明清时期水产类著作，主要有专业的鱼类著作和综合性著作两大类。鱼类方面有《种鱼经》《异鱼图赞》《异鱼图赞补》《鱼品》和《江南鱼鲜品》等。兼及其他水生动物的综合性著作有《闽中海错疏》《记海错》《海错百一录》等。

明清时期鱼类专书中，以明代学者黄省曾的《种鱼经》较早，其中对《陶朱公养鱼经》的鱼池设计做了进一步补充和改进：在鱼池中做岛，环岛植树，颇有人工生态系统意味。书中分列18种淡水鱼类，如鲟鳇、鯯鱼、石首、银鱼、鲫鱼等，并对其加以记述。

稍后，有明代文学家杨慎撰、明末清初官员胡世安补的《异鱼图赞》《异鱼图赞补》和《异鱼图赞闰集》，特点是以韵文形式写作，语言十分简练。

比如记“乌贼”：“鱼有乌贼，状如算囊，骨间有髻，两带极长，含水噀墨，欲盖反章。”既记形态，又记生理，还对乌贼吐墨行为作了描述。

全书记鱼类110余种，其他水生动物如龟、鳖、蚶和哺乳动物鲸、海牛等近30种。对鲸的自杀行为也有记载。《补》和《闰》集引用典故较多，种类也有所补充。

明代官员、金石家、书法家顾起元写有《鱼品》，所记都是江东地区水产数十种，文字简明。

另外福建发现1743年抄本《官井洋讨鱼秘诀》，记录了当地渔民的捕鱼经验，对官井洋的暗礁位置和鱼群早晚随潮汐进退方

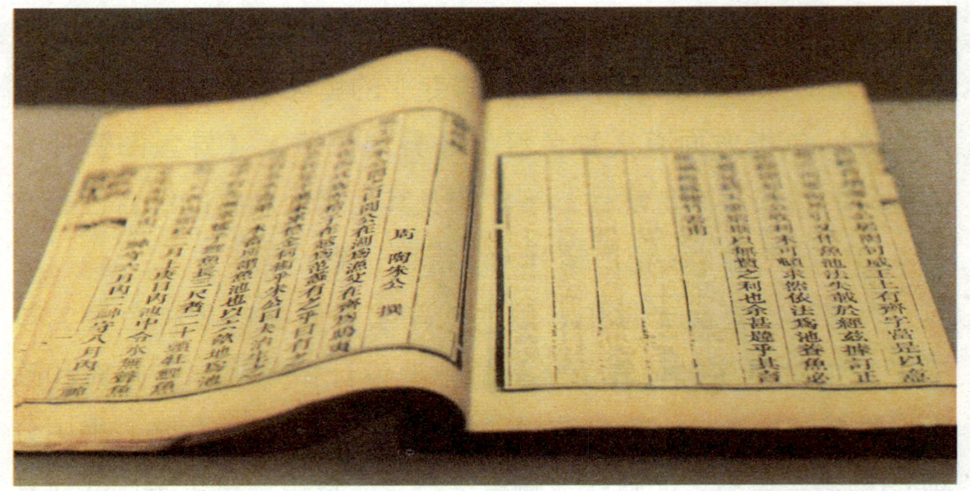

向以及寻找鱼群的方法都有详细记录，很有实用价值。

清代官员陈鉴写有《江南鱼鲜品》一书，记鲤、鳞、鲈、鳜、鳢、鲔等淡水鱼类18种，均有形态描述，但侧重食用价值。另外《渔书》和《鱼谱》两书，虽有著录，但都已佚失。

明清时水生动物综合性著作中比较突出的是《闽中海错疏》。此书作者是屠本畯，他在入闽任职后，应当时在京任太常少卿的余寅的要求，写成此书。

屠本畯是一位学识渊博的学者，还写有《闽中荔枝谱》和《野菜笺》等书。

屠本畯熟悉海物，有实际知识和爱好。他当时任福建盐运司同知，他认为，海产动物种类繁多，与人民生活息息相关，自己身为盐务官员，并熟悉海物，因此也将写这部著作作为自己分内的事。

《闽中海错疏》成书于1596年，是明代记述我国福建沿海各种水产动物形态、生活环境、生活习性和分布的著作。对近代生

物学研究和海洋水产资源的开发有一定参考价值。

全书分上、中、下三卷。上、中卷为鳞部，下卷为介部。共记载福建海产动物200多种，包括少数淡水种类。以海产经济鱼类为主，共计有80多种，其中包括著名的海产品大黄鱼、小黄鱼、带鱼、乌贼、对虾和蟹等，分属于20目40科。此外，还有腔肠动物、软体动物、节肢动物、两栖动物及哺乳动物。

这部著作根据动物生物学的特性，将它们分成了许多群，在大群中还有小群，从而体现了彼此的亲缘关系，发展了自然分类体系。

《四库提要》评论这本书说："辨别各类，一览了然，有益于多识，考地产者所不废。"是非常有见地的。

屠本畯另著《海味索隐》列十六品为：蚶子颂、江瑶柱赞、子蟹解、砺房赞、淡菜铭、土铁歌、［虫孱］颂、蛤有多种、黄蛤赞、鲎笺、团鱼说、醉蟹赞、蝗鱼鲞鱼铭、青鲫歌、蛏赞、 鲻鱼颂。

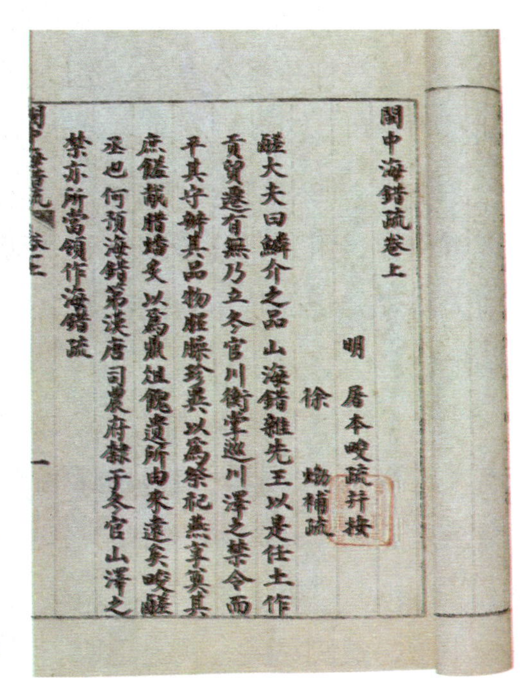
閩中海錯疏卷上

明 屠本畯疏并按

徐 𤊹補疏

鹺大夫曰鱗介之品山海錯雜先王以是任土作貢貿遷有無乃立冬官川衡掌巡川澤之禁令而平其守辨其品物腥臊珍異以爲祭祀燕享奠其庶饈胾腊燔炙以爲鼎俎餽遺所由來遠矣畯鹺丞也何預海錯第漢唐司農府隸于冬官山澤之禁亦所當領作海錯疏

作者以颂、赞、歌、说、笺等多种文学形式，表述了水产动物的名称、形态、种类、性味、产地和用途多方面的知识，也很有特色。

屠本畯做学问重视调查研

究，不以辑录古籍资料为主。因而他描述的动植物，多数能说明其形态、生活习性等，使读者能辨认其种类。

《四库提要》说它“辨别名类，一目了然，颇有益于多识”，这一评价是公允的。他以亲自观察、调查为重点，取得直接的实物资料，故能辨别前人对动植物认识的谬误，不以讹传讹。

此外，他对前人的经验和知识颇为尊重，在《闽中海错疏》等著作中，引用了许多前人有关动植物知识的文献，但他在吸取前人科学知识时是审慎的。总之，屠本畯在生物学史上占有重要的地位。

继《闽中海错疏》问世之后，清代经学兼博物学家郝懿行著有《记海错》一卷，追记所见海产动物40余种，包括海带一种。特点是注意考证，文笔精炼。

比如记“望潮”蟹：“海蠕间泥孔漏穿，平望弥目，穴边有一小蟹，跂脚昂头，侧身遥睇，见人歘入。”于海天泥沙生境中

记海蟹形态活动历历如绘，生意盎然，令人神往。

再如记“海盘缠”：

大者如扇，中央圆平，旁作五齿歧出，每齿腹下皆作深沟；齿旁有髯，小虫误入其沟，便做五齿反张，合界其髯，夹取吞之。既乏肠胃，纯骨无肉。背深蓝色，杂赪以点……

在郝懿行稍后，清代水利学家郭柏苍根据自己数十年在海滨的亲见，加上采询老渔民的经验，还证之古籍，于1886年写有《海错百一录》5卷。

此书卷1、卷2记鱼，写捕鱼工具及捕鱼方法，两卷共记鱼174种。卷3记介、壳石121种。卷4记虫30种，另附记海洋植物24种，补充和丰富清代以前诸书的内容，所记多为实际观察记录，

采用民间资料也较多。卷5记海鸟、海兽、海草。堪称一部海洋生物全志。比如记鲨，首先列举“其皮如沙，背上有鬣，腹下有翅，胎生”的特点，然后根据身体大小、头部尾部特点、体纹体色等加以区分。

记有海鲨、胡鲨、鲛鲨、剑鲨、虎鲨、黄鲨、时鲨、帽纱鲨、吹鲨、秦王鲨、乌翅鲨、双髻鲨、圆头鲨、犁头鲨、鼠鳝鲨、蛤婆鲨、泥鳅鲨、龙文鲨、扁鲨、乌鲨、黄鲨、白鲨、淡鲨、乞食鲨等。

综上可见，我国海域宽广，河湖众多，水生动物产量和饲养量均位于世界的前列，尤其是鱼文化源远流长。一些淡水鱼类饲养和海洋鱼类捕捞的生物学原理和方法，在世界文化史上呈奇光异彩。

延伸阅读

屠本畯虽出身望族官宦之家，但鄙视名利，廉洁自持，以读书、著述为乐。他不但著有《闽中海错疏》，对近代生物学研究和海洋水产资源的开发有一定影响，还留有著名的读书“四当论”：“饥以当食，渴以当饮，欠身当枕席，愁时以当鼓吹。所以我不觉得苦。”

药用动植物学的新发展

明清时期，人们从各个方面积累的生物学知识不断增加，比较鲜明地体现在本草学研究上。本草学著作的大量出现，标志着药用动植物研究的新发展。

这一时期的本草学著作主要有：明代医学家、药物学家李时珍的《本草纲目》；清代医学家赵学敏的《本草纲目拾遗》。

尤其是《本草纲目》，是一部具有世界性影响的博物学著作，对科研、临床、教学有重要的参考价值。这部巨著受到国内外科学界的重视，已被译成多种外国文字。

据说李时珍在41岁时被推荐到北京太医院工作。太医院的工作经历，给他的一生带来了重大影响，为他创造《本草纲目》埋下很好的伏笔。

李时珍利用太医院良好的学习环境，不但阅读了大量医书，而且对经史百家、方志类书、稗官野史，也都广泛参考。与此同时，李时珍仔细观察了国外进口的以及国内的贵重药材，对它们的形态、特性、产地都一一加以记录。在太医院工作一年左右，为了修改本草书，李时珍再也不愿耽下去了，借故辞职。

李时珍在回家的路上，有一天投宿在一个驿站。他遇见几个替官府赶车的马夫，围着一个小锅，煮着连根带叶的野草，就上前询问。马夫告诉他说：“我们赶车人，长年累月地在外奔跑，损伤筋骨是常有之事，如将这药草煮汤喝了，就能舒筋活血。”马夫还告诉他，这药草原名叫“鼓子花”，又叫“旋花”。

李时珍从马夫这里知道了旋花有“益气续筋”之用，于是将这个经验记录了下来。

这件事使李时珍意识到：要想修改好本草书，就必须到实践中去，才能有所发现。经过多年的研究和野外考察，他在75岁时写成了《本草纲目》一书。《本草纲目》是我国古代本草学上的巨著，达到了科学水平的一个新的高度，对生物学的发展也有重大的推动作用。

在《本草纲目》所载的全部药物中，有324种是李时珍新记的。记有植物药1089种，除去有名未用的153种以外，实有936种。还记有动物药400余种。分列“释名、集解、正误、修治、气味、主治、发明”等项加以说明。

这部著作的重要意义在于分类更倾向自然性，用起来也方便；形态描述更详细、准确，同时还纠正了不少以前的讹传和不实之词。

《本草纲目》将药物分成水、火、土、金石、草、谷、菜、果、木、服器、鱼、鳞、介、禽、兽、人十六部。各部又细分为子类。如在草部下就分为山草、芳草、隰草、毒草、蔓草、水草、石草、苔、杂草、有名未用等类。

从这个分类来看，李时珍完全摒弃了上、中、下的三品分类法，采用的分类依据是习性、形态、性质、生态等。他对药物的考察非常深入仔细，常将具有相似疗效的植物排列在一起，说明他工作的深入细致。

李时珍详细地阅读过大量本草文献，并亲自对许多药物进行过细致观察，因此他在药用动植物形态描述方面通常比前人的详尽。这对指导人们寻找药物和鉴别药物有很突出的价值。

比如蛇床子，在以前的本草著作中没有形态描述，只记载了别名、产地。《本草纲目》在罗列了前书的有关文字以后，紧接着说，“其花如碎米攒簇，其子两片合成，似莳萝子而细，亦有

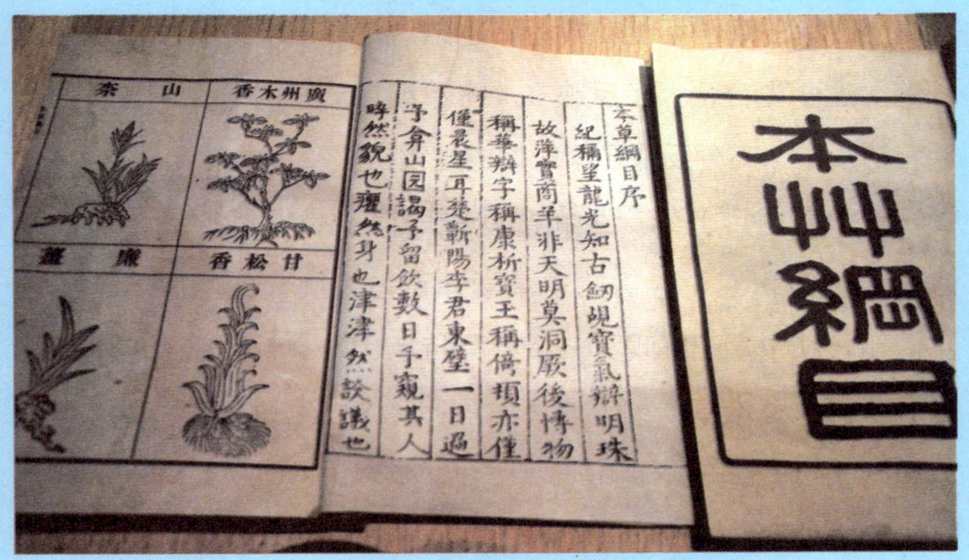

细棱”。

由此我们可以看出，《本草纲目》对植物形态的认识逐渐从表及里，从粗到细，反映了人们对植物和动物的认识的进步。

李时珍在订正前人的错误、谬说方面也做了大量出色的工作。他批驳了服食丹药和蝙蝠能长生的说法，证实了某些医生所说的多食乌贼鱼会使人不育，掏鹳的幼雏会导致天旱的说法，是没有根据的。

他还指出草子不能变成鱼，也弄清楚五倍子是虫瘿、鲮鲤吃蚁等。这些内容，大多反映在《本草纲目》中的“正误”和“发明”等项中，充分反映了李时珍的注重实践精神。

《本草纲目》的产生和成就的取得不是偶然的。自宋代以来，人们又积累了丰富的本草学知识，为明代的发展准备了条件。明代初中期还涌现了一批各具特色、内容新颖充实的本草著作，如《救荒本草》和《滇南本草》，这些也在客观上促进一些大型的、总结性的著作出现。

在李时珍后较长一段时期，本草学没有大的发展。至清代赵

学敏的《本草纲目拾遗》这一著作的出现，才改变了这一局面。

自《本草纲目》成书以后到赵学敏又历200余年。这期间民间的医药知识得到了很大发展，很有必要进行收集整理。

赵学敏是清代医学家。他在研究本草学方面非常严谨。从他的著作中可以看出，他经常深入民间，通过调查访问来取得第一手资料。他注重实证，不轻信文献。药物经过临床证实，确有疗效的他才收入书中，否则“宁以其略，不敢欺世也”。他还亲自在药圃中种植药用植物，详细观察其生长情况和形态特征。

赵学敏这种实事求是的科学态度，是他在本草学上取得辉煌成就的主要原因。赵学敏编著的《本草纲目拾遗》是一部为了弥补明代医学家李时珍《本草纲目》之不足而作的本草学著作。《本草纲目》是我国明代本草学的集大成之作，记载药物达1892种，其中374种属李时珍新增补。内容十分丰富，为中医药学增添

了大量的用药新素材。而本书所载药物绝大部分是《本草纲目》未收录的民间药，或已见于当时其他医书上应用的品种。同时也包括一些进口药，如金鸡勒，东洋参、西洋参、鸦片烟、日精油、香草、臭草、烟草等。

在药物的分类方面，赵学敏也有所创新。他除依《本草纲目》将植物分为草、木、果、谷、蔬等部外，还另立“花部”和“藤部”。

他认为《本草纲目》无藤部，以藤归蔓类不合理。木本为藤，草本为蔓，不能混淆，应立藤部。他还集中各种以花知名的植物为花部。另外，他对设立“人部”的依据说法很不以为然，故在他的著作中删掉了“人部”。

《本草纲目拾遗》对研究《本草纲目》和明代以来的药物学的发展，是一部十分重要的参考书。它是清代最重要的本草著作，标志着我国药用动植物学的新发展，一直受到海内外学者的重视。

延伸阅读

有一次，李时珍听人说有一种药物，名叫“曼陀罗花”，吃了后会使人手舞足蹈，严重的还会麻醉。李时珍经过艰苦寻找，终于发现了曼陀罗花。他又亲自尝试，并记下了“割疮炙火，宜先服此，则不觉苦也”的笔记。